KB121880

자연을 먹다

맛있는 죽 레시피

이영순 저

예신 Books

머리말

결혼하고 맞벌이 부부생활로 바쁘게 지내면서 내가 잘할 수 있고 쉽게 할 수 있는 요리가 죽이었다. 남편이 좋아하는 죽 위주로 다양하게 만들어 그릇마다 담아 냉장 보관했다가 아침에 한 그릇씩 데워 먹으면서 그렇게 나의 신혼 초 식생활은 시작되었다.

2년 후 아이가 태어나면서 아이에게 좋은 이유식을 생각하며 죽을 만들었고, 그 이후에는 바쁜 직장생활로 인하여 한 끼 식사로 죽을 이용하는 상황이 많았다.

26년이 지난 지금은 건강을 생각하며 소화가 잘되고 식사량이 부담 없는 음식으로 죽을 만들어 먹으면서 더욱더 죽을 선호하게 되었다.

지난 세월 돌아보니 죽을 좋아하는 남편 덕분에 죽을 다양하게 만들게 되면서 이제 죽 만드는 일은 박사라고 해도 될 만큼 자신이 있다. 맞벌이 부부가 많은 요즘은 나와 비슷한 생활을 하는 사람이 많으리라 생각하면서 죽만큼 만들기 편하고 영양 가득한 요리는 찾기 드물다는 생각에 많은 사람에게 조리법과 정보를 공유하고 싶다.

죽을 만들기 위해서는 별다른 재료 준비 없이 냉장고에 있는 어떤 재료를 사용해도 요리가 가능하다. 요리에 자신이 없어도 좋다. 재료 손질이 번거롭거나 사용량이 적어 고민이라면 다양한 크기의 재료로 포장되어 판매되고 있는 시제품을 사용하면 된다. 미리 1회 분량만큼 덜어서 냉동 보관했다가 필요할 때 사용하면 더욱더 편리하게 죽을 만들 수 있다.

죽은 특별한 음식이 아니라 언제 어디서든 간편하고 영양 넘치는 한 끼 식사로 즐길 수 있다. 가족의 건강도 챙기고 맛도 좋고 영양가도 있으면서 먹기 편한 죽 요리는 나를 위하여, 내 남편을 위하여, 우리 아이를 위하여 건강한 가정을 만드는 손쉬운 요리이므로 이 책이 가정에 꼭 필요하며 손쉽게 찾는 활용서가 되기를 희망한다.

책이 만들어지기까지 사진 촬영을 도와준 이경숙 고모와 정혜선 선생님, 인스타그램에 음식 사진 올리기를 좋아하는 나의 딸 이도원, 나의 멋진 아들 이승현, 마지막으로 출판에 도움을 주신 도서출판 **예신** 임직원 여러분께 감사한 마음을 전한다.

발효요리연구가 이영순

차례

쌀로 만든 흰죽은 가장 기본이 되는 죽이다

흰죽을 잘 쑤면 다른 죽도 잘 쑬 수 있다.
죽에 자신이 없다면 먼저 흰죽 쑤기로 기본기를 익힌다.

흰죽 레시피

재료

쌀 1컵, 물 7컵, 볶은 소금 조금

만드는 법

1. **쌀 불리기** : 쌀을 깨끗이 씻은 후 물에 담가 1시간
   이상 충분히 불린다.

2. **죽 끓이기** : 불린 쌀을 두꺼운 냄비에 넣고 물을 부
   어 주걱으로 저어가며 끓인다.

3. **불 줄이기** : 쌀이 반 정도 익으면 불을 줄이고 주걱
   으로 저어가며 쌀이 잘 퍼지도록 약한 불에서 끓이
   다가 볶은 소금으로 간한다.

TIP 불린 쌀로 죽을 끓이면 30분 이상 소요되므로 전기압
   력밥솥의 찜 기능으로 20분 끓여 사용한다.

평소에는 물론 소화가 잘 안 될 때, 해장이 필요할 때,
입맛 없을 때 맛있는 죽이 생각난다.

이럴 때 생각나는 죽. 가끔 만들어도 매번 맛있게 끓일 수 있을까?
매일 먹어도 맛있는 죽이 있을까?

매일 먹어도 맛있는 죽이 있다

죽을 맛있게 쑤려면 물의 양이나 불 조절 등에 신경을 써야 한다.
6가지 맛내기 Tip을 기억하면 죽이 훨씬 맛있어진다.

맛내기 TIP

1. 쌀, 충분히 불린다.

불리지 않은 쌀과 불린 쌀로 각각 죽을 끓이면, 끓인 직후에는 큰 차이가 없지만 시간이 지나면 차이가 난다. 불린 쌀은 국물과 잘 어우러져 한 그릇을 다 비울 때까지 맛에 큰 차이가 없다.

2. 냄비, 두껍고 깊은 것을 사용한다.

가벼운 냄비는 얇고 깊이가 얕아 쌀을 볶는 과정에서 쉽게 타버리거나, 끓이는 과정에서 넘치거나 눌어 붙는 경우가 많다. 또 끓어 넘치기 쉬우므로 재료보다 두세 배 정도 큰 냄비를 사용한다.

3. 물, 재료의 7~8배 붓는다.

많은 양의 죽을 끓일 때는 물의 양을 조금 줄이고 현미는 1배 정도 더 붓는다. 물을 중간에 더 넣으면 죽이 퍼지고 윤기가 없어지므로 처음부터 정확히 계량해서 넣는다.

4. 불, 센 불로 끓이다가 불을 줄인다.

센 불로 끓이다가 불을 줄여 뭉근히 끓여야 윤기가 나고 넘치지 않는다. 쌀이 절반 정도 퍼지면 불을 약하게 줄이고 뚜껑을 연 채 나무주걱으로 저으면서 서서히 끓인다.

5. 간, 입맛에 맞게 직접 하도록 한다.

죽의 간은 약하게 해서 먹는 사람 입맛에 맞게 직접 넣어 먹도록 간장, 소금, 젓갈, 된장, 고추장, 꿀 등을 곁들인다.

6. 타이밍, 재료를 넣는 타이밍이 중요하다.

재료의 수분이나 농도에 따라 쌀보다 먼저 넣거나 가장 마지막에 넣어 맛과 식감을 살려야 한다.

죽 간편하게 끓이기

1. 밥으로 끓인다.

급하게 죽을 끓여야 할 때는 지어놓은 밥이나 냉동 보관한 밥을 사용한다. 냄비에 참기름을 두르고 부재료를 볶다가 밥을 넣는다. 밥과 부재료가 잘 섞이면 물을 붓고 센 불에서 끓이다가 죽이 끓으면 불을 약하게 줄여 밥이 푹 퍼지도록 끓인다.

2. 시간 절약과 편리를 위해 쌀을 갈거나 압력솥에 쏜다.

재료를 믹서에 반쯤 갈아서 끓이거나, 전기압력밥솥에 재료량의 1.5배 물을 넣고 찜 기능을 이용하면 짧은 시간에 부드럽게 익힐 수 있다. 또 다른 방법으로 불린 쌀을 압력솥에 넣고 물을 부어 끓이다가 추가 달각거리기 시작하면 불을 줄여 5분 정도 끓인다.

3. 시판용 제품을 이용한다.

냄비에 참기름을 두르고 부재료를 볶다가 시판용 밥(예 햇반)을 넣고 볶은 후 3배의 물을 붓고 10~12분 끓인 다음 간하여 마무리하면 간편하게 죽을 만들 수 있다.

스푼 & 컵 계량단위

만들 때마다
매번 똑같이 죽을 맛있게 만들기 위해서는
정확한 계량이 필요하다.

1컵 = 1Cup = 1C = 약 13큰술+1작은술 = 물 200mL = 물 200g

1큰술 = 1Table spoon = 1Ts = 3작은술 = 물 15mL = 물 15g

1작은술 = 1tea spoon = 1ts = 물 5mL = 물 5g

건강보양죽

 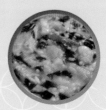 

쥐눈이콩녹두죽

재료

쥐눈이콩 1/2컵, 녹두 1/2컵,
불린 찹쌀현미 1컵,
물 8컵, 볶은 소금 조금

만드는 법

1. 쥐눈이콩과 녹두는 지저분하고 상한 것을 가려내고 8시간 성노 불린다.
2. 두꺼운 냄비에 불린 콩, 녹두, 찹쌀현미를 넣고 물을 부어 바닥이 눋지 않게 저어 주면서 푹 끓인다.
3. 쌀이 퍼지면 볶은 소금으로 간하여 죽을 완성한다.

TIP 전기압력밥솥에 죽이나 찜 기능을 이용하면 편리하고 죽이 빨리 된다.
찜 기능을 이용할 때 물은 재료량의 3배 정도가 적당하다.

🍚 **쥐눈이콩**은 콜레스테롤이 쌓이는 것을 방지하여 혈관의 노화를 막아주고 유해산소를 제거하는 항산화작용을 해요.

더덕연근죽

재료

연근 100g, 더덕 2뿌리,
불린 찹쌀현미 1컵,
물 8컵,
참기름 1큰술, 소주 1큰술,
볶은 소금 조금

TIP 연근과 더덕을 다져서 죽을 끓이면 씹는 식감이 있어 좋다.

만드는 법

1. 연근과 더덕은 깨끗이 씻어 손질한 후 믹서에 간다.

2. 두꺼운 냄비에 참기름, 불린 찹쌀현미, 소주를 넣고 볶다가 물을 붓고 끓인다.

3. 쌀이 퍼지면 **1**을 넣고 한소끔 끓인 후 볶은 소금으로 간하여 죽을 완성한다.

🍲 **연근**은 무기질과 식이섬유가 많아 피부를 건강하게 하고 콜레스테롤 수치를 낮추
는 데 도움을 주며, 항암성분으로 알려진 폴리페놀을 함유하고 있어요.

인삼대추죽

재료

인삼 2뿌리, 대추 10알,
불린 찹쌀현미 1컵, 물 8컵,
참기름 1큰술, 소주 1큰술, 꿀 1큰술,
볶은 소금 조금

만드는 법

1. 대추는 돌려깎기한 후 채 썬다. 인삼 한 뿌리는 편으로 썰고 다른 하나는 갈아
   둔다.
2. 두꺼운 냄비에 참기름, 불린 찹쌀현미, 소주를 넣고 볶다가 갈아둔 인삼과 물을
   넣고 푹 끓인다.
3. 쌀이 퍼지면 대추와 인삼을 넣고 대추가 퍼질 때까지 끓인 후 볶은 소금과 꿀로
   간하여 죽을 완성한다.

TIP 사용하고 남은 인삼과 대추는 꿀에 절여 차 또는 다양한 조리에 활용하면 좋다.

🍲 대추는 열매가 많이 열리는 과실이므로 풍요와 다산의 의미가 깃들어 있어 혼인의
식에 빠짐없이 사용해요.

배생강죽

🥣 배는 성인병을 예방하고 기관지에 도움을 주기 때문에 껍질과 함께 사용하는 것이 좋아요.

재료

배 1/2개, 생강 20g, 불린 쌀 1컵, 물 7컵,
잣 · 검은깨 · 볶은 소금 조금씩

만드는 법

1. 불린 쌀로 흰죽을 끓인다.
2. 배와 생강은 껍질을 벗겨 강판이나 믹서에 각각 따로 갈아둔다.
3. 끓여둔 흰죽에 2의 생강을 넣고 끓이다가 배를 넣고 한소끔 끓인 후 볶은 소금으로 간한다. 잣과 검은깨 고명을 올려 죽을 완성한다.

TIP 생강을 좀 더 오래 끓이면 죽에 생강 향과 맛이 배어 좋다.

우렁이야채죽

재료

깐 우렁이살 1컵, 불린 쌀 1컵, 물 7컵,
호박 50g, 당근 30g, 참기름 1큰술, 소주 1큰술, 새우젓 조금

만드는 법

1. 우렁이살은 물에 씻어 너무 큰 것은 잘라 준비한다. 호박, 당근은 다진다.
2. 두꺼운 냄비에 참기름, 불린 쌀, 소주를 넣고 볶다가 물을 붓고 끓인다.
3. 쌀이 어느 정도 퍼지면 우렁이살과 1의 채소를 넣고 한소끔 끓인 후 새우젓으로 간하여 죽을 완성한다.

▲ 배생강죽

▲ 우렁이야채죽

TIP 우렁이는 데쳐서 껍질 제거 후 유통된 재료이므로 많이 끓이면 질겨지기 때문에 잠깐만 끓인다. 야채는
　　　허물어지기 쉬우므로 쌀이 퍼진 후에 넣고 끓여야 야채 자체의 식감과 색을 느낄 수 있다.

전복야채죽

재료

전복 2마리, 불린 쌀 1컵, 물 7컵,
호박 30g, 당근 20g, 참기름 2큰술, 소주 1큰술,
볶은 소금 조금

만드는 법

1. 전복은 솔로 깨끗이 씻어 껍질과 분리한 후 내장은 다지고 살은 편으로 썬다. 호박과 당근은 굵게 다진다.
2. 두꺼운 냄비에 참기름 1큰술, 불린 쌀, 소주를 넣고 볶다가 전복을 넣고 볶은 후 물을 붓고 푹 끓인다.
3. 쌀이 푹 퍼지면 호박과 당근을 넣어 익을 때까지 끓이다가 전복 내장을 넣고 한소끔 끓인다.
4. 볶은 소금으로 간하여 참기름 1큰술을 두르고 죽을 완성한다.

TIP 전복 내장은 잘게 다져 마무리 직전에 넣고 한소끔 끓인 후 죽을 마무리한다.

🍲 **전복**은 바다의 산삼이라 불릴 정도로 영양 만점인 해산물로 간 기능을 강화시키고
우리 몸의 면역력을 높이는 데 중요한 작용을 해요.

미역새우북어죽

재료

마른 미역 10g, 새우살 1/2컵, 북어포 50g, 불린 쌀 1컵, 물 7컵,
들기름 · 다진 마늘 1큰술씩, 참기름 1큰술, 국간장 1큰술, 멸치액젓 1큰술,
소주 1큰술, 후춧가루 조금, 소금물

만드는 법

1. 미역은 물에 부드럽게 불려 바락바락 주물러 씻은 후 헹궈 쫑쫑 썰고 물기를 뺀다.
2. 북어포는 물에 불려 적당한 크기로 자르고 새우살은 소금물에 씻는다.
3. 불린 미역과 북어는 들기름, 다진 마늘, 국간장, 소주, 후춧가루를 넣고 밑간한다.
4. 두꺼운 냄비에 3과 참기름, 불린 쌀을 넣고 볶다가 물을 붓고 끓인다. 쌀이 퍼지면 새우를 넣고 끓인다.
5. 멸치액젓으로 간하여 죽을 완성한다.

🍲 **미역**은 담배의 독을 몰아내고 중금속 해독에 좋아요. 어린이 성장발육, 고혈압과
   동맥경화 예방에 탁월한 효과가 있어요.

쇠고기야채죽

재료

불린 쌀 1컵, 물 7컵, 쇠고기(양지머리) 100g, 양파 50g, 당근 100g,
호박 50g, 소주 1큰술, 참기름 2큰술, 볶은 소금 · 후춧가루 조금씩

쇠고기 양념

간장 1/2큰술, 설탕 · 참기름 1/2작은술씩,
다진 파 1작은술, 다진 마늘 · 깨소금 1/3작은술씩, 후춧가루 조금

만드는 법

1. 쇠고기는 물에 담가 핏물을 뺀 후 잘게 썰어 양념한다.
2. 야채들은 모두 잘게 썬다.
3. 두꺼운 냄비에 참기름 1큰술을 두르고 1을 볶다가 불린 쌀을 넣고 더 볶은 후 소
   주를 넣고 볶는다.
4. 쌀이 반 정도 익으면 물을 붓고 10분 정도 끓인 후 볶은 소금으로 1차 간하고, 중
   불에서 바닥이 눋지 않게 저어가며 끓인다.
5. 쌀이 퍼지면 2의 야채를 넣어 볶은 소금으로 2차 간하고 한번 더 끓인다.
6. 마지막에 참기름 1큰술, 후춧가루를 두르고 죽을 완성한다.

쇠고기는 혈기를 왕성하게 하고 근육과 뼈를 튼튼하게 만들어요. 또한 쇠고기의 단백질에는 성장에 필요한 모든 필수아미노산이 골고루 들어 있어요.

장어야채덮죽

재료

시판용 데리야끼양념 장어 2마리,
햇반 1개, 냉동믹스야채 1컵,
간장 1큰술, 볶은 소금 · 후춧가루 · 초생강 조금씩

TIP 들깨가루와 깻잎으로 잡냄새를 없애고 식감을 높일 수 있으며, 고추장을 장어 양념으
로 사용해도 된다.

만드는 법

1. 냄비에 밥과 물을 넣고 10~12분 끓여 죽을 만든 후 그릇에 담는다.
2. 팬에 기름을 두르고 냉동믹스야채를 볶다가 간장, 볶은 소금, 후춧가루로 간한다.
3. 장어는 양념이 타지 않게 팬에 구워 먹기 좋은 크기로 자른 후 죽 위에 올린다.
4. 2의 볶은 야채와 초생강으로 장식하여 죽을 완성한다.

🍲 **장어**는 혈액순환과 정력강화에 좋고, 눈 건강에 좋은 비타민 A가 많아요. 또한 위
　　장을 보호하고 피부 미용에도 좋아요.

검은깨두유죽

재료

검은깨 3큰술, 검은깨 두유 1팩, 쌀가루 2큰술,
물 2컵, 볶은 소금 조금

만드는 법

1. 검은깨 2큰술과 물을 믹서에 갈고 체에 밭쳐 깨즙을 만든 후 쌀가루와 섞는다.
2. 두꺼운 냄비에 1을 넣고 눋지 않게 저어가며 끓이다가 두유를 넣고 농도를 맞춘 후 볶은 소금으로 간한다.
3. 검은깨 1큰술을 넣고 한소끔 끓인 후 죽을 완성한다.

TIP 검은깨는 살짝만 볶아서 갈아야 한다. 간 검은깨는 체에 밭쳐 깨즙만 끓여야 껍질이 입안에서 걸리지 않는다.

옥돔두부미역죽

재료

옥돔 1마리, 불린 쌀 1컵, 물 7컵, 두부 1/4모, 미역 한줌,
참기름 1큰술, 소주 1큰술, 멸치액젓 조금

만드는 법

1. 옥돔은 프라이팬에 올려 앞뒤로 노릇하게 구워 살을 발라놓는다. 두부는 사방 2cm 길이로 자르고 미역은 불려 적당한 크기로 자른다.
2. 두꺼운 냄비에 참기름, 불린 쌀, 소주를 넣고 볶다가 불린 미역을 넣어 한번 더 볶은 후 물을 붓고 끓인다.
3. 쌀이 푹 퍼지면 1의 두부와 옥돔을 넣어 끓이고 멸치액젓으로 간하여 죽을 완성한다.

▲ 검은깨두유죽

▲ 옥돔두부미역죽

TIP 옥돔은 반건조로 구입하면 사용하기 편리하며, 구워서 사용하면 더 고소한 맛을 낼 수 있다.

볶은 소금 만들기

재료

천일염 1컵

만드는 법

1. 천일염은 프라이팬에 넣고 센 불에서 뻥 소리가
   날 때까지 20분 정도 고온에서 볶는다.
2. 볶은 소금을 완전히 식힌 후 믹서의 분쇄기능으로
   곱게 갈아 유리병에 담고 상온에 보관한다.

숙취해소죽

북어무콩나물죽

재료

불린 쌀 1컵, 물 7컵, 북어포 50g, 콩나물 50g, 무 50g, 대파 1/2대, 간장 1작은술,
다진 마늘 1/3작은술, 소주 1큰술, 참기름 2큰술, 볶은 소금 조금

만드는 법

1. 북어포는 물에 담가 꼭 짠 다음 작게 썰고 무는 곱게 채 썬다. 콩나물은 손질한 후
   깨끗이 씻는다.
2. 두꺼운 냄비에 참기름 1큰술, 소주를 넣고 불린 쌀, 북어포를 볶다가 무, 간장, 다
   진 마늘을 넣고 더 볶는다.
3. 불린 쌀이 투명해지면 물을 붓고 끓인다.
4. 쌀이 퍼지면 콩나물을 넣고 익으면 볶은 소금으로 간하여 참기름 1큰술을 두르고
   대파를 올려 죽을 완성한다.

TIP 북어무콩나물죽은 북어해장국을 응용한 죽으로 시원한 국물 맛이 일품이다.

북어는 단백질이 두부의 8배, 우유의 24배나 들어 있는 고단백 건강식품이며, 다른 생선보다 지방이 적어 혈관에 좋아요.

김치콩나물죽

재료

밥 1컵, 멸치 육수 7컵, 김치 100g, 콩나물 100g,
중멸치 10마리, 새우젓 1/2작은술,
다진 파 1큰술, 다진 마늘 1/2작은술

TIP 멸치 육수를 만들 때 중멸은 그대로 사용하고 대멸은 똥만 제거하여 사용한다.

만드는 법

1. 김치는 적당한 크기로 자르고 콩나물은 다듬어 씻는다.
2. 두꺼운 냄비에 김치, 콩나물을 넣고 멸치와 멸치 육수를 넣어 끓인다.
3. 2가 끓으면 밥을 넣고 새우젓, 다진 파, 다진 마늘을 넣어 끓인다.
4. 밥이 푹 퍼지면 간하여 죽을 완성한다.

🥣 **콩나물**은 콩에 부족한 비타민 C가 풍부하여 감기를 예방하고 피부미용에 좋아요. 식이섬유가 듬뿍 들어 있어 변비 개선에 효과적이며 다이어트에도 도움이 된답니다.

홍합미역죽

재료

불린 쌀 1컵, 마른 미역 15g, 홍합 200g, 물 7컵, 국간장 1큰술, 멸치액젓 1큰술,
참기름 2큰술, 소주 1큰술

만드는 법

1. 미역은 물에 부드럽게 불려 깨끗이 씻은 다음 3cm 길이가 되도록 잘라 물기를
   뺀다.
2. 홍합은 껍질을 박박 문질러 깨끗이 씻은 후 삶아 살만 건지고, 육수는 면포에 밭
   쳐 맑게 거른다.
3. 두꺼운 냄비에 참기름 1큰술, 불린 쌀, 소주, 불린 미역을 넣고 쌀이 투명해질 때
   까지 볶다가 홍합 육수를 부어가며 익힌다.
4. 쌀이 퍼지면 홍합살을 넣고 국간장과 멸치액젓으로 간하여 참기름 1큰술을 두르
   고 죽을 완성한다.

TIP 쌀이 퍼져 죽이 완성되기까지는 30~40분 정도 시간이 소요되므로 죽을 빨리 완성하
기 위해 밥을 활용하면 시간이 절약된다.

🍲 **홍합**은 철분이 풍부하게 함유되어 있어 빈혈에 좋아요. 홍합에 함유되어 있는 베타
인, 타우린 성분은 간을 보호해주는 물질로 숙취 해소에 좋아요.

얼큰쇠고기죽

재료

쇠고기 100g, 콩나물 한줌, 무 100g,
대파 1/2대, 다진 마늘 1큰술, 고춧가루 2큰술, 불린 쌀 1컵,
물 7컵, 참기름 1큰술, 소주 1큰술, 국간장 1큰술, 볶은 소금 · 후춧가루 조금씩

만드는 법

1. 쇠고기는 핏물을 제거하고 콩나물은 깨끗이 씻는다. 대파는 어슷썰고 무는 3cm
   길이로 나박썬다.
2. 두꺼운 냄비에 쇠고기, 무, 고춧가루를 넣고 볶다가 참기름, 불린 쌀, 소주를 넣고
   더 볶은 후 물을 붓고 끓인다.
3. 쌀이 퍼지면 콩나물을 넣고 끓이다가 다진 마늘, 국간장을 넣어 볶은 소금, 후춧
   가루로 간하고 대파를 넣어 죽을 완성한다.

고추장홍합야채죽

재료

홍합살 100g, 불린 쌀 1컵, 물 8컵, 당근 30g, 브로콜리 30g,
참기름 1큰술, 소주 1큰술, 고추장 1큰술, 볶은 소금 · 후춧가루 조금씩, 소금물

만드는 법

1. 홍합은 소금물에 씻어 물기를 뺀다. 냄비에 물을 붓고 홍합을 데쳐 육수 7컵을 만
   들고 건더기는 건져놓는다.
2. 당근은 사방 1cm로 썰고 브로콜리는 홍합크기로 자른다. 고추장은 육수 0.5컵에
   풀어놓는다.
3. 두꺼운 냄비에 참기름, 불린 쌀, 소주를 넣고 볶다가 육수 6.5컵을 붓고 끓인다.
4. 쌀이 퍼지기 시작하면 고추장 푼 물을 넣어 끓인 후 당근, 브로콜리를 넣고 끓인다.
5. 쌀이 푹 퍼지면 데쳐놓은 홍합을 넣고 볶은 소금, 후춧가루로 간하여 죽을 완성한다.

▲ 얼큰쇠고기죽

▲ 고추장홍합야채죽

TIP 청양고추를 첨가하면 더 얼큰한 죽을 맛볼 수 있다.

낙지된장콩나물죽

재료

낙지 2마리, 불린 쌀 1컵, 물 7컵,
콩나물 한줌, 대파 1/2대, 된장 2큰술, 홍고추 1개,
참기름 1큰술, 소주 1큰술,
밀가루 · 볶은 소금 · 후춧가루 조금씩

민드는 법

1. 낙지는 밀가루를 넣어 바락바락 문질러 씻은 후 먹기 좋은 크기로 자른다. 콩나물
   은 씻어두고 대파는 어슷썰고 된장은 물에 풀어둔다.
2. 두꺼운 냄비에 참기름, 불린 쌀, 소주를 넣고 볶다가 된장을 풀어둔 물을 붓고 끓
   인다.
3. 쌀이 퍼지기 시작하면 콩나물, 대파, 홍고추를 넣고 끓이다가 볶은 소금, 후춧가
   루로 간한다.
4. 마지막에 낙지를 넣고 한소끔 끓인 후 죽을 완성한다.

TIP 낙지는 오래 끓이면 질기고 맛이 없어진다.

🍲 낙지는 알코올을 분해할 때 필요한 아연, 분해효소의 작용을 지원하는 니아신 등이
있어 숙취 예방 및 회복에 좋아요.

북어야채죽

재료
북어포 50g, 냉동믹스야채 1컵, 불린 쌀 1컵,
물 7컵, 참기름 1큰술, 소주 1큰술, 볶은 소금 조금, 쌀뜨물

북어 양념
참기름 1큰술, 국간장 1큰술, 다진 마늘 1/2작은술

만드는 법
1. 북어포는 쌀뜨물로 씻어 물기를 짜고 먹기 좋은 크기로 잘라 북어 양념으로 간한
   다. 냉동믹스야채는 잘게 다진다.
2. 두꺼운 냄비에 참기름을 두르고 양념한 북어를 볶다가 불린 쌀, 소주를 넣고 더
   볶은 후 물을 붓고 끓인다.
3. 쌀이 퍼지기 시작하면 다진 냉동믹스야채를 넣고 끓이다가 볶은 소금으로 간하여
   죽을 완성한다.

칡죽

재료
말린 칡 한줌, 불린 찹쌀현미 1컵,
물 8컵, 참기름 1큰술, 소주 1큰술, 검은깨 · 볶은 소금 조금씩

만드는 법
1. 냄비에 물과 말린 칡을 넣고 끓여 육수를 만든다.
2. 냄비에 참기름, 불린 찹쌀현미, 소주를 넣고 볶다가 1의 칡 우린 육수를 붓고 푹
   끓인다.
3. 쌀이 푹 퍼지면 볶은 소금으로 간하고 검은깨를 올려 죽을 완성한다.

TIP 마른 칡이 없으면 칡즙을 활용해도 좋고 기호에 따라 꿀을 첨가해 먹어도 좋다.

▲ 북어야채죽

▲ 칡죽

🍲 칡은 두통을 없애주고 여성의 갱년기 증상을 완화하는 데 도움을 줘요. 특히 칡에 함유된 카테킨 성분은 숙취 제거, 피로 회복에도 좋아요.

바지락두부죽

재료

바지락 2컵, 불린 찹쌀현미 1컵, 물 8컵, 두부 1/4모, 청 · 홍고추 1개씩,
참기름 1큰술, 소주 1큰술, 새우젓 조금, 소금물

만드는 법

1. 바지락은 검은 봉지나 어두운 통에 연한 소금물과 함께 담아 냉장고에서 하룻밤
   재워 해감한다. 두부는 사방 1cm 크기로 자르고 청 · 홍고추는 어슷썬다.
2. 해감한 바지락은 깨끗이 씻은 후 냄비에 물과 함께 끓이다가 바지락 입이 벌어지
   면 육수와 살을 분리한다.
3. 두꺼운 냄비에 참기름, 불린 찹쌀현미, 소주를 넣고 볶다가 바지락 육수를 붓고
   푹 끓인다.
4. 쌀이 퍼지면 바지락살과 두부, 고추를 넣고 한소끔 끓인 후 새우젓으로 간하여 죽
   을 완성한다.

TIP 조개류를 해감할 때 물 1mL에 소금 2큰술 정도가 적당하며, 검은색 비닐을 덮개로 사용하면 편리하다.

굴다시마죽

재료

굴 1봉(150g), 생다시마 50g,
불린 쌀 1컵, 홍고추 1개,
물 7컵, 참기름 1큰술, 소주 1큰술, 볶은 소금 조금, 소금물

만드는 법

1. 굴은 소금물에 씻어 체에 밭친다. 다시마는 소금으로 바락바락 문질러 씻고 끓는 물에 데친 후 찬물에 헹궈 송송 썰고, 홍고추는 다진다.
2. 두꺼운 냄비에 참기름, 불린 쌀, 소주를 넣고 볶다가 쌀이 투명해지면 물을 붓고 끓인다.
3. 쌀이 퍼지면 다시마와 굴을 넣고 볶은 소금으로 간한다. 마지막에 홍고추를 넣어 죽을 완성한다.

TIP 겨울에 신선한 제철 굴을 넉넉히 사서 깨끗하게 손질한 후 한 번 먹을 분량씩 담아 냉동실에 보관했다가 먹는 것도 좋다.

🍚 굴은 비타민과 무기질이 풍부하여 피부탄력과 미백에 좋고, 철분이 풍부하여 혈액 순환을 원활하게 하며 동맥경화를 예방하고 심장 건강에 도움을 줘요.

곡류, 두류를
물에 불리는 시간

1. 멥쌀 : 30분~1시간(밥), 3시간 정도(죽 ; 현미)
2. 찹쌀 : 30분~1시간
3. 보리 : 1시간 정도
4. 차수수 : 1시간 정도
5. 검은콩 : 2~3시간 정도
6. 콩 : 8시간 정도
7. 팥 : 12~24시간 정도
8. 녹두 : 8시간 정도

전통죽

녹두죽

재료

녹두 1컵, 불린 찹쌀현미 1컵,
물 7컵, 볶은 소금 조금

TIP 녹두는 껍질을 걸러 사용하면 좀 더 부드러운 죽을 맛볼 수 있다.

만드는 법

1. 녹두는 깨끗이 씻은 후 물에 8시간 정도 불린다.
2. 불린 녹두와 찹쌀현미는 3배의 물과 함께 전기압력밥솥에 넣고 찜 기능으로 20분
   동안 삶는다.
3. 두꺼운 냄비에 2를 넣고 주걱으로 저어가며 죽을 끓인다.
4. 볶은 소금으로 간하여 죽을 완성한다.

녹두에는 칼륨, 마그네슘, 섬유질 등과 펩타이드라는 단백질이 들어 있어 혈압을 낮추는 데 도움을 줘요.

고구마타락죽

재료

고구마(중간크기) 1개, 찹쌀가루 4큰술, 우유 2.5컵,
물 1컵, 검은깨 1큰술, 볶은 소금 · 흰 후춧가루 조금씩

만드는 법

1. 고구마는 깍둑썰기한 후 2큰술만 남기고 우유 2컵을 넣어 간 다음 냄비에 물과 함
   께 넣고 주걱으로 저어가며 끓인다.
2. 찹쌀가루에 우유 0.5컵을 붓고 잘 풀어준 다음 1에 조금씩 넣으면서 저어가며 끓
   인다.
3. 죽이 다 되어가면 볶은 소금, 흰 후춧가루로 간하여 그릇에 담고 검은깨를 올려
   죽을 완성한다.

🍲 고구마는 항암효과가 높고 고혈압에 도움이 되며 노화 예방, 다이어트에 좋은 식품
이에요.

검은깨죽

재료

검은깨 1/2컵, 불린 쌀 1컵,
물 7컵, 참기름 1큰술, 소주 1큰술, 잣 · 볶은 소금 조금씩

만드는 법

1. 검은깨는 믹서에 물을 조금 붓고 갈아서 고운체에 거른다.
2. 두꺼운 냄비에 참기름, 불린 쌀, 소주를 넣고 볶다가 쌀이 투명해지면 물을 붓고
   끓인다.
3. 쌀이 충분히 퍼지면 1의 검은깨 거른 물을 넣고 끓이다가 볶은 소금으로 간하고
   잣을 올려 죽을 완성한다.

대추죽

재료

대추 2컵, 물 12컵, 쌀가루 5큰술,
꿀 1큰술, 볶은 소금 조금

만드는 법

1. 대추는 깨끗이 씻어 3개만 남기고, 전기압력밥솥에 물과 함께 넣어 찜 기능으로 20
   분 동안 삶는다. 쌀가루는 물에 풀어놓고, 남은 대추는 돌려깎기한 후 말아 썬다.
2. 대추가 고아지면 소쿠리(체)에 쏟아 고를 내린 후 냄비에 끓이면서 쌀가룻물을 넣
   고 저어가며 끓인다.
3. 죽이 완성되면 볶은 소금으로 간하고 대추를 올린다. 꿀은 기호에 따라 가감한다.

TIP 대추는 물을 넉넉히 붓고 푹 고아서 대추즙을 충분히 우려낸 후 체에 내리고, 껍질은
       꼭 짜서 버리고 즙만 사용한다.

▲ 검은깨죽

▲ 대추죽

🍲 **대추죽**은 원기를 회복시키고 수험생에게 아주 좋은 당질을 공급하며 근력을 키우는 데 효과적인 식품으로 알려져 있어요.

잣죽

재료

불린 쌀 1컵, 잣 1/2컵,
물 7컵, 꿀 1큰술,
볶은 소금 조금

만드는 법

1. 불린 쌀과 물 1컵을 믹서에 넣어 곱게 갈고, 잣은 1직은술만 남기고 물 1/2컵과
   함께 곱게 갈아둔다.
2. 두꺼운 냄비에 갈아둔 쌀과 물을 붓고 약불에서 주걱으로 저어가며 끓인다.
3. 죽이 되직해지면 갈아둔 잣을 조금씩 부어가며 한 방향으로 저으면서 멍울을
   푼다.
4. 죽이 매끄럽게 퍼지면 볶은 소금으로 간하여 그릇에 담고 잣을 올려 꿀과 함께
   낸다.

TIP 1. 잣은 불포화지방산이 많아 쉽게 산화되므로 공기가 통하지 않게 밀봉한 후 냉장고
     에 보관한다.
    2. 잣을 미리 넣고 끓이면 죽이 묽어지므로 완성되기 직전에 넣고 한소끔만 끓인다.

잣은 머리에 좋은 올레산과 리놀레산이 많아 뇌 기능을 보강해줘요. 또한 간과 폐, 대장을 튼튼하게 하며 불포화지방산이 풍부해 피를 맑게 한답니다.

호박죽

재료

늙은호박(중간크기) 1/4통, 찹쌀가루 1컵, 생수 1컵,
강낭콩 1/2컵, 찹쌀새알 1컵, 설탕 1큰술, 볶은 소금 조금

TIP 단호박과 같이 사용하여 죽을 끓이면 더욱 부드럽고 달콤한 죽이 된다.

만드는 법

1. 늙은 호박은 껍질을 벗기고 씨를 파낸 후 작게 썬다.
2. 냄비에 1을 넣어 잠길 정도의 물을 붓고 삶아 식힌 후 믹서에 갈거나 체에 내린다.
3. 강낭콩은 삶아놓고 찹쌀가루는 생수에 풀어놓는다.
4. 2의 호박에 찹쌀물을 넣고 농도를 맞춰가며 끓이다가 새알과 강낭콩을 넣고, 끓으면 설탕과 볶은 소금으로 간하여 죽을 완성한다.

🥣 **늙은호박**은 이뇨작용과 부종 예방에 좋아 산후 부기를 뺄 때 많이 사용해요. 또한 포만감을 주므로 다이어트에 도움이 되고 회복기 환자나 위장이 약한 사람에게도 좋아요.

장국죽

재료

쇠고기 100g, 표고버섯 4장, 불린 쌀 1컵,
물 7컵, 참기름 1큰술, 소주 1큰술, 볶은 소금 조금

쇠고기 · 표고 양념

국간장 2큰술, 설탕 1큰술, 다진 마늘 1/2큰술, 참기름 1큰술, 후춧가루 조금

만드는 법

1. 쇠고기는 핏물을 제거한 후 다지고 표고는 기둥을 제거한 후 다져서 쇠고기 · 표고 양념에 버무려둔다.
2. 두꺼운 냄비에 참기름, 불린 쌀, 소주를 넣고 볶다가 양념을 버무린 쇠고기, 표고를 넣고 더 볶은 후 물을 붓고 푹 끓인다.
3. 쌀이 푹 퍼지면 볶은 소금으로 간하여 죽을 완성한다.

은행밤죽

재료

은행 1/2컵, 밤 1컵, 불린 찹쌀현미 1컵,
물 8컵, 참기름 1/2큰술, 들기름 1/2큰술, 소주 1큰술, 볶은 소금 조금

만드는 법

1. 은행은 끓는 물에 데친 후 껍질을 벗겨 믹서에 갈고, 밤은 편으로 썬다.
2. 두꺼운 냄비에 참기름, 불린 찹쌀현미, 들기름, 소주를 넣고 볶다가 물을 붓고 끓인다.
3. 불을 줄여 중불과 약불에서 쌀이 퍼지도록 저어가며 끓인다.
4. 3이 완성되면 1의 재료들을 넣고 푹 끓인 후 볶은 소금으로 간하여 죽을 완성한다.

TIP 은행은 독성이 있으므로 삶거나 튀겨 껍질을 제거한 후 사용한다.

▲ 장국죽

▲ 은행밤죽

🍽 은행은 밤에 오줌을 싸는 어린이들의 치료에 효과가 있는 것으로 알려져 있어요. 잠들기 3~4시간 전에 구운 은행 5~6개를 먹이면 가벼운 증세는 며칠 안에 완치된다고 해요.

기본 맛내기 육수 1

닭 육수

재료
닭고기 1/2마리, 양파 1/2개,
대파 1대, 통후추 1큰술, 물 12컵

만드는 법
1. 닭고기는 노란 기름 부분을 제거한 후 깨끗이 씻어 물과 함께 냄비에 넣는다.
2. 1에 양파, 대파, 통후추를 넣고 푹 끓인 후 체에 거른다.
3. 닭살은 잘게 찢어 양념해 사용하기도 한다.

사찰죽

연근우엉죽

재료

연근 100g, 우엉 100g,
불린 쌀 1컵, 물 7컵, 잣 1작은술, 볶은 소금 조금

TIP 연근과 우엉은 껍질을 벗기자마자 갈색으로 변하고 아린 맛이 나는데 식촛물(물 1L, 식초
1큰술)에 담가두면 해결된다. 연근이 흰빛을 내고 씹는 맛을 좋게 하려면 식촛물에 담
갔다가 다시 더운물 2컵에 식초 2큰술의 비율로 살짝 데쳐준다.

만드는 법

1. 연근과 우엉은 깨끗이 씻은 후 껍질을 벗기고 적당한 크기로 잘라 믹서에 물 1컵
   과 함께 곱게 간다.
2. 냄비에 불린 쌀과 물 6컵을 붓고 쌀이 퍼지도록 끓인다.
3. 2에 1을 부어 바닥이 눋지 않게 저어가며 끓인다.
4. 쌀이 퍼지면 볶은 소금으로 간하고 잣을 올려 죽을 완성한다.

🍲 우엉은 식이섬유가 많아 변비를 예방하고 다이어트에 좋아요. 또한 혈액 속의 불필요한 콜레스테롤을 흡수하여 혈당 수치에 도움을 주고 뇌졸중이나 치매 예방, 면역력 향상에 도 효과가 있어요.

당귀깻잎죽

재료

당귀잎 50g, 밥 1공기, 깻잎 10장, 물 4컵, 볶은 소금 조금

TIP 당귀는 줄기가 억세기 때문에 줄기로 육수를 먼저 낸 후 사
용하면 편리하다.

만드는 법

1. 당귀 잎은 씻어서 잘게 썰고, 줄기는 물을 붓고 육수를 낸다. 깻잎은 채 썬다.
2. 냄비에 1의 육수와 밥을 넣고 끓이다가 밥이 퍼질 때 당귀 잎을 넣고 끓인다.
3. 당귀 잎이 살짝 익으면 볶은 소금으로 간하고 1의 깻잎을 섞어 죽을 완성한다.

🥣 **당귀**의 뜻은 "마땅히 돌아오다." 예요. 당귀를 먹고 힘을 얻어 "무사히 집으로 돌아
오라." 라는 뜻이 담겨 있어요. 이처럼 당귀는 체력과 식욕이 돌아와 회복되고 빈혈
이나 갱년기 증상을 완화시키는 데 도움이 돼요.

질경이죽

재료

질경이 50g, 불린 쌀 1컵, 참기름 1큰술,
물 8컵, 볶은 소금 조금

만드는 법

1. 질경이는 깨끗이 씻은 후 줄기와 뿌리, 잎을 분리하고 잎은 채 썬다.
2. 채 썬 잎은 남겨두고, 줄기와 뿌리는 물 8컵과 함께 끓여 재수를 만든다.
3. 냄비에 참기름, 불린 쌀을 넣어 볶다가 채 썬 잎을 넣고 볶은 후 채수를 붓고 끓인다.
4. 쌀이 퍼지면 볶은 소금으로 간하여 죽을 완성한다.

TIP 질경이로 묵나물을 만들어두면 더 구수한 죽을 맛볼 수 있으며 일반 죽으로 전복이나
쇠고기를 넣고 끓여도 맛있다.

질경이는 염증치료에 탁월해요. 씨앗을 '차전자'라고 하는데 이뇨, 항균, 해열, 거담 작용이 있어 신장염이나 방광염, 요도염에 사용한답니다.

땅콩강낭콩죽

재료

땅콩(껍질을 벗기지 않은 것) 50g,

강낭콩 50g,

불린 쌀 0.5컵, 물 7컵, 볶은 소금 조금

TIP 땅콩은 물에 불린 후 껍질을 벗겨 사용해도 좋다. 하지만 주요 영양소가 껍질에 많으
므로 땅콩조림을 할 때는 껍질을 벗기지 않고 조리하는 것이 좋다.

만드는 법

1. 땅콩과 강낭콩은 5시간 이상 충분히 물에 불렸다가 껍질을 벗긴 후 2큰술 남기고
   믹서에 곱게 간다.
2. 불린 쌀은 믹서에 갈고 두꺼운 냄비에 물과 함께 넣어 바닥이 눋지 않게 저어가며
   센 불로 팔팔 끓이다가 1을 넣는다.
3. 한소끔 끓으면 약불로 천천히 끓인다.
4. 남겨둔 콩은 삶아놓는다.
5. 3에서 쌀이 퍼지면 삶은 콩을 넣고 끓인 후 볶은 소금으로 간하여 죽을 완성한다.

🥣 **땅콩**은 몸에 좋은 불포화지방산을 가지고 있어 피를 정화시키고 심장병 및 동맥경화 예방, 노화 예방, 두뇌발달 및 조혈기능이 있으며, 철분 흡수를 도와줘요.

곤드레나물죽

재료

데친 곤드레나물 50g, 햇반 1개,
물 3컵, 참기름 2큰술, 소주 1큰술, 국간장 1큰술, 볶은 소금 조금

만드는 법

1. 곤드레나물은 씻은 후 물기를 꼭 짜고 송송 썰어 국간장과 참기름 1/2큰술을 넣고 무친다.
2. 두꺼운 냄비에 참기름 1/2큰술, 밥, 소주를 넣고 볶다가 1의 곤드레나물을 넣고 더 볶은 후 물을 붓고 끓인다.
3. 밥이 충분히 퍼지면 볶은 소금으로 간하여 참기름 1큰술을 두르고 죽을 완성한다.

TIP 묵나물로 죽을 끓이면 좀 더 구수한 곤드레죽이 된다.

옥수수죽

재료

캔 옥수수 100g, 캔 완두콩 50g, 불린 쌀 1컵,
물 7컵, 참기름 2큰술, 설탕 1작은술, 볶은 소금 조금

만드는 법

1. 옥수수와 완두콩은 깨끗이 씻는다.
2. 두꺼운 냄비에 참기름, 불린 쌀을 넣고 볶는다. 쌀이 투명해지면 물을 붓고 바닥이 눋지 않게 저어가며 끓인다.
3. 쌀이 퍼지면 1을 넣고 한소끔 끓인 후 볶은 소금과 설탕으로 간하여 죽을 완성한다.

TIP 생옥수수를 삶아 죽을 끓일 경우 소금과 설탕을 넣고 삶으면 맛있다.

▲ 곤드레나물죽

▲ 옥수수죽

🍲 **곤드레**는 단백질, 칼슘, 비타민 A가 풍부하여 성인병 예방에 좋아요. 소화가 잘되고 부담이 없어 노인식으로 좋고 변비를 예방하며 다이어트에도 좋아요.

된장근대죽

재료

근대 50g, 불린 쌀 1컵, 물 7컵,
된장 1큰술, 참기름 1큰술, 소주 1큰술
대파 1/4대, 볶은 소금 조금

만드는 법

1. 근대는 깨끗이 씻은 후 송송 썰고 대파도 송송 썬다. 된장은 물에 풀어둔다.
2. 두꺼운 냄비에 참기름, 불린 쌀, 소주를 넣고 볶다가 된장 푼 물을 붓고 끓인다.
3. 쌀이 푹 퍼지면 근대와 대파를 넣고 한소끔 끓인 후 볶은 소금으로 간하여 죽을
   완성한다.

TIP 근대는 풋내와 흙내가 나기 쉬우므로 끓는 물에 살짝 데쳐 사용하거나 된장을 미리
     풀어 끓을 때 사용하면 풋내가 덜 나면서 선명한 색의 음식을 맛볼 수 있다.

🍵 근대는 단백질 함량은 적지만 라이신, 페닐알라닌 등의 필수아미노산을 많이 함유하고 있어 성장기 어린이의 성장발육을 촉진해요. Ca, Fe과 같은 무기질 함량이 높고 비타민 A가 풍부해 밤눈이 어두운 사람에게 매우 좋은 채소예요.

마야채죽

재료

마 50g, 불린 찹쌀현미 1컵,
물 8컵, 당근 30g, 브로콜리 50g,
참기름 1큰술, 소주 1큰술, 볶은 소금 조금

만드는 법

1. 마, 당근, 브로콜리는 사방 1cm 크기로 다지듯 자른다.
2. 두꺼운 냄비에 참기름, 불린 찹쌀현미, 소주를 넣고 볶다가 물을 붓고 푹 끓인다.
3. 쌀이 퍼지면 당근과 브로콜리만 넣고 끓이다가 죽이 거의 완성되면 마지막에 마를 넣고 볶은 소금으로 간하여 죽을 완성한다.

TIP 마는 뮤신이라는 성분이 파괴되지 않도록 생으로 섭취하는 것이 좋다. 열이 가해지면 영양소가 파괴되므로 생으로 먹기 힘든 경우 최소한의 열로 요리한다.

🥣 마의 성분 중 뮤신이라는 성분은 혈압상승 억제, 피로 회복, 숙취 해소 및 위 점막에
코팅을 입혀 위벽을 보호하고, 소화활동이나 위 건강에 좋아요.

고수더덕죽

재료

고수 5뿌리, 더덕 2뿌리,
불린 찹쌀현미 1컵, 물 8컵,
볶은 소금 조금

TIP 향이 강한 식재료는 죽을 요리할 때 마지막에 참기름을 두르지 않는다.

만드는 법

1. 고수는 깨끗이 씻은 후 송송 썰고 더덕은 껍질을 벗겨 갈아둔다. 고수의 뿌리로
   육수를 낸다.
2. 냄비에 불린 찹쌀현미와 육수를 넣고 끓이다가 쌀이 퍼지면 볶은 소금으로 1차
   간한다.
3. 1의 재료를 넣고 한소끔 끓인 후 볶은 소금으로 2차 간하여 죽을 완성한다.

🥣 고수는 불안증을 해소하여 심신을 안정시키며, 미세먼지로 인한 유해물질과 알루미
늄, 비소, 수은, 납 등의 중금속을 몸 밖으로 배출해줘요.

톳된장참깨죽

재료

톳 50g, 불린 쌀 1컵, 참깨 1/4컵, 물 7컵,
된장 2큰술, 참기름 · 소주 1큰술씩, 굵은 소금 1큰술, 볶은 소금 조금

TIP 톳 대신 미역이나 모자반을 이용해도 된다.

만드는 법

1. 톳은 굵은 소금을 넣고 바락바락 문질러 깨끗이 씻은 후 송송 썰고, 참깨는 절구
   에 넣고 빻는다. 된장은 물에 풀어둔다.
2. 두꺼운 냄비에 참기름, 불린 쌀, 소주를 넣고 볶다가 1의 톳을 넣고 볶는다. 쌀이
   투명해지면 된장 푼 물을 붓고 끓인다.
3. 쌀이 퍼지면 참깨를 넣고 볶은 소금으로 간하여 죽을 완성한다.

🥣 톳은 식이섬유가 많아 변비에 좋고 칼슘, 철, 요오드 등 무기염류가 많아 빈혈에 좋아요. 시금치보다 철분이 3~4배 이상 많아서 빈혈 환자에게 특히 좋아요.

기본 맛내기 육수 2

쇠고기 육수

재료

쇠고기(양지머리) 300g, 대파 1대, 양파 1/2개,
무 1토막, 마른 고추 3개, 생강 1톨, 통후추 1작은술,
물 12컵

만드는 법

1. 300g 이상의 많은 양을 할 때는 물에 30분 이상
   담가 핏물을 빼고 끓는 물에 데친 후 물은 버린다.
2. 1의 쇠고기, 대파, 양파, 무, 마른 고추, 생강, 통
   후추, 물을 넣고 30분 이상 삶는다.
3. 거품을 걷어가며 끓이다가 고기는 익으면 건져내
   고 국물은 체에 걸러 사용한다.

· 동·서양죽 ·

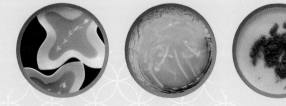

단호박수프

재료

단호박 1/4개, 생크림 1/2컵,
볶은 소금 · 흰 후춧가루 조금씩

TIP 단호박수프는 크루통이나 시리얼과 함께 하면 가벼운 식사 대용으로도 좋다.

만드는 법

1. 단호박은 필러로 껍질을 벗겨 깍둑썰기한 후 냄비에 삶아 식힌다.
2. 삶은 단호박을 믹서에 갈아 냄비에 넣고 끓이면서 생크림으로 농도를 맞춰가며
   끓이다가 볶은 소금, 흰 후춧가루로 간하여 죽을 완성한다.

단호박은 항암효과, 노화방지, 피로회복, 장 운동에 효과적이며 칼로리는 낮지만 영양가가 풍부해 다이어트 식품으로 좋아요.

옥수수완두콩수프

재료

캔 옥수수 1/2컵, 완두콩 한줌, 루 1/2큰술,
생크림 또는 우유 1/2컵, 물 2컵,
볶은 소금 · 흰 후춧가루 조금씩

만드는 법

1. 옥수수는 씻은 후 물기를 빼고 완두콩은 끓는 물에 데친다.
2. 1에서 완두콩은 1큰술 남기고 물과 함께 믹서에 간다.
3. 두꺼운 냄비에 붓고 나무주걱으로 바닥이 눋지 않게 저어가며 끓이다가 생크림을
   넣고 루를 넣어 농도를 맞춰가며 끓인다.
4. 농도가 맞으면 볶은 소금과 흰 후춧가루로 간하고 완두콩을 올려 죽을 완성한다.

🍲 **옥수수**는 비타민과 칼륨, 철분, 무기질이 풍부해요. 특히 옥수수 씨눈에는 필수지방산인
리놀레산이 많이 들어 있어 콜레스테롤 수치를 낮추고 동맥경화 예방에 도움을 줘요.

TIP '루'란 수프나 소스를 만들 때 주로 사용되며, 동량의 버터와 밀가루를 팬에 넣고
약불에서 타지 않게 충분히 볶아주면 된다.

고구마수프

재료

고구마(중간크기) 1개, 버터 1/2큰술, 생크림 1컵, 물 2컵
볶은 소금 · 흰 후춧가루 조금씩

만드는 법

1. 고구마는 필러로 껍질을 벗겨 깍둑썰기한 후 코팅냄비에 버터와 함께 볶다가 물을 넣고 삶는다.
2. 삶은 고구마를 믹서에 갈아 냄비에 넣고 끓이다가 생크림으로 농도를 맞춰가며 끓인다. 볶은 소금과 후춧가루로 간하여 죽을 완성한다.

TIP 고구마를 살짝 쪄서 수프에 넣으면 당도가 높아져 더 맛있다. 고구마를 얇게 썰어 튀긴 후 타임을 곁들이면 씹는 맛도 있고 장식 효과도 좋다.

사과수프

재료

사과 700g, 통계피 7g, 닭 육수 2컵, 우유 1/2컵, 생크림 1/4컵, 사과주스 1/4컵,
버터 15g, 사과브랜디 1큰술, 계핏가루 · 볶은 소금 · 흰 후춧가루 조금씩

만드는 법

1. 사과는 껍질째 얇게 썰어 버터를 두른 팬에 넣고 약불에서 충분히 볶다가 닭 육수와 통계피를 넣고 사과가 무를 때까지 중불에서 15분 정도 끓인다. 한 김 식힌 후 통계피를 뺀다.
2. 1을 믹서에 넣어 곱게 갈고 우유, 생크림, 사과주스를 넣어 기호에 맞게 볶은 소금, 흰 후춧가루로 간하여 냉장고에 넣는다.
3. 먹기 직전에 사과브랜디를 넣고 계핏가루를 뿌려 죽을 완성한다.

TIP 마지막에 사과브랜디를 넣으면 상큼한 맛과 향이 한결 좋다. 화이트와인을 넣어도 좋다.

▲ 고구마수프

▲ 사과수프

🍲 **사과**는 알칼리성 식품으로 칼로리가 적어요. 몸에 좋은 식이섬유는 혈관에 쌓이는 유해 콜레스테롤을 몸 밖으로 내보내고 유익한 콜레스테롤을 증가시켜 동맥경화를 예방해준답니다.

달걀옥수수팽이탕

재료

달걀 1개, 팽이버섯 50g, 옥수수 3큰술, 청주 1큰술, 대파 1/4대, 다진 생강 1작은술,
육수(물) 2컵, 참기름 1큰술, 녹말물 1/2큰술, 굴소스 1작은술, 식용유 1큰술,
볶은 소금 · 후춧가루 조금씩

만드는 법

1. 옥수수는 굵게 다지고 팽이버섯은 밑동을 제거한 후 3cm 길이로 자른다. 대파도
   3cm 길이로 자른다.
2. 기름을 두른 팬이 뜨거워지면 대파, 생강, 청주를 넣어 향을 내고 육수를 넣는다.
3. 2에 옥수수와 굴소스를 넣고 끓으면 녹말물을 넣는다. 걸쭉해지면 달걀을 부드럽
   게 풀고 팽이버섯을 넣는다. 소금, 후추로 간하여 참기름을 두르고 죽을 완성한다.

옥수수는 식이섬유가 많고 콜레스테롤이 없어 훌륭한 다이어트 식품이에요.
장 운동을 도와 변비에도 좋아요.

게살수프

재료

달걀 1개, 게살 100g, 대파 1/4대, 다진 생강 조금,
식용유 1큰술, 청주 1큰술, 육수 2컵, 간장 1큰술,
굴소스 1작은술, 녹말물 1/2큰술, 참기름 1큰술, 볶은 소금 · 후춧가루 조금씩

TIP 게살수프의 간은 소금으로만 살짝 하고, 간장은 따로 준비해도 좋다.

만드는 법

1. 게살은 가늘게 찢고 대파는 3cm 길이로 자른다.
2. 팬에 기름을 두르고 뜨거워지면 대파, 다진 생강, 청주를 넣어 향을 낸 후 육수를
   붓고 볶은 소금, 굴소스로 간을 한 다음 게살을 넣고 중불에 천천히 끓인다.
3. 녹말물을 넣어 약간 걸쭉하게 끓이다가 달걀을 부드럽게 풀어서 넣고, 끓으면 참
   기름을 두르고 죽을 완성한다.

🍲 게는 고단백 저칼로리 식품으로 필수아미노산이 많아 성장기 어린이, 회복기 환자, 허약 체질인 사람, 노인에게 좋은 식품이에요. 비만증, 고혈압, 간장병 환자에게도 좋지만 산성식품이므로 알칼리성 식품과 함께 먹어야만 효과를 누릴 수 있어요.

해물누룽지탕

재료

찹쌀누룽지 5쪽, 새우 50g, 홍합 30g, 낙지 30g,
새송이버섯 1개, 대파 1/4대, 마늘 3톨, 생강 1/2톨, 육수 2컵,
간장 · 청주 1큰술씩, 굴소스 1큰술, 참기름 1큰술, 녹말물 1큰술, 식용유 1큰술,
볶은 소금 · 후춧가루 조금씩, 소금물

만드는 법

1. 해물은 소금물에 씻고 낙지는 먹기 좋은 크기로 자른다. 새송이버섯과 마늘, 생강
   은 편으로 썰고 대파는 3cm 길이로 자른다.
2. 팬에 기름을 두르고 뜨거워지면 대파, 마늘, 생강을 넣어 향을 낸 후 간장, 청주와
   함께 1을 넣고 볶다가 육수를 붓고 굴소스, 볶은 소금, 후춧가루로 간한다.
3. 끓으면 녹말물을 조금씩 넣어 소스를 걸쭉하게 한 후 참기름을 두르고 소스를 완
   성한다.
4. 튀김기름 온도가 170℃ 정도로 뜨거워지면 찹쌀누룽지를 넣고 바삭하게 튀겨 그
   릇에 담고 **3**의 뜨거운 소스를 부어 죽을 완성한다.

TIP 해산물을 다양하게 준비하여 넣으면 좋다. 매콤한 누룽지탕을 만들려면 고추기름이
     나 매운 고추를 첨가하면 색다른 누룽지탕을 즐길 수 있다.

🍲 **누룽지**는 밥과 효능은 비슷하지만 누룽지 1대접(300g)의 칼로리가 246kcal예요. 밥 한 공기보다 칼로리가 적으면서 배가 부르니 다이어트 식품으로 좋아요.

멸치·다시마·표고 육수

재료

다시멸치 10마리, 다시마(10×10cm) 2장,
마른 표고버섯 5장, 물 10컵

만드는 법

1. 멸치는 머리와 내장을 제거하고 다시마는 젖은 면
   포로 닦는다.
2. 다른 팬에 멸치를 볶다가 물을 붓고 끓으면 중불
   에서 5~10분 끓이다가 다시마를 넣고 불을 끈다.
3. 5분 정도 두었다가 면포에 걸러 사용한다.

바다죽

조기죽

재료

불린 쌀 1컵, 물 7컵, 조기 1마리, 쑥갓 2대,
홍 · 청고추 1개씩, 다진 마늘 1/3작은술, 생강즙 1작은술, 식용유 1큰술,
참기름 1큰술, 소주 1큰술, 볶은 소금 조금

TIP 노릇하게 구운 조기를 살만 발라 넣고 채소를 곁들여 끓이면 부족한 영양소를 보충할
수 있다.

만드는 법

1. 팬에 기름을 두르고 조기를 손질하여 노릇하게 구운 다음 살을 발라낸다. 고추는
   다지고 쑥갓은 씻어 4cm 길이로 썬다.
2. 두꺼운 냄비에 참기름, 불린 쌀, 소주를 넣고 볶다가 물을 부어 죽을 끓인다. 죽이
   다 되어가면 조기살, 다진 마늘, 생강즙을 넣고 푹 끓인 후 볶은 소금으로 간한다.
3. 고추와 쑥갓을 넣고 한소끔 끓인 후 볶은 소금으로 간하여 죽을 완성한다.

🥣 **조기**는 양질의 단백질과 비타민 A, D가 풍부하여 원기회복에 좋고 위, 간, 신장에 영양을 보충하며 배탈, 설사 증상도 개선해줘요.

해초야채죽

재료

톳 30g, 다시마 30g, 미역줄기 30g,
불린 쌀 1컵, 물 7컵, 양파 1/2개, 당근 20g,
표고버섯 30g, 브로콜리 20g, 참기름 2큰술, 소주 1큰술,
된장 · 다진 마늘 1큰술씩, 볶은 소금 조금

만드는 법

1. 톳, 다시마, 미역줄기는 소금으로 바락바락 문질러 깨끗이 씻은 후 끓는 물에 데쳐 찬물에 헹군 다음 송송 썰고 참기름 1큰술, 된장, 다진 마늘을 넣어 무친다.
2. 당근, 양파, 표고, 브로콜리는 씻은 후 송송 다진다.
3. 냄비에 참기름 1큰술을 두르고 불린 쌀을 볶다가 쌀이 투명해지면 물을 붓고 푹 끓인다.
4. 쌀이 충분히 퍼지면 1의 해초와 2의 야채를 넣고 조금 더 끓인 후 볶은 소금으로 간하여 죽을 완성한다.

TIP 생톳보다 마른 톳을 물에 불려 조리하면 맛도 좋고 영양가도 더 높다. 톳은 광택이 있고 굵기가 일정한 것, 잡티가 없는 것을 구입한다.

🍲 톳은 식이섬유와 무기질이 많아 고콜레스테롤을 억제하고, 뼈 손상을 예방하며 항암작용을 해요. 포화지방산이 많은 고기와 함께 섭취하면 혈중 콜레스테롤을 낮추고 고기에 부족한 식이섬유도 보충해준답니다.

꽃게된장죽

재료

꽃게 1마리, 불린 쌀 1컵, 육수 7컵,
참기름 2큰술, 소주 1큰술, 청주 1큰술,
생강즙 1작은술, 된장 1큰술, 국간장 1큰술, 쑥갓 1/2대,
볶은 소금 · 후춧가루 조금씩

TIP 죽은 1차(초), 2차(중), 3차(말)로 나누어 간하면 죽의 또 다른 깊은 맛을 느낄 수 있다.

만드는 법

1. 꽃게는 깨끗이 손질하고 쑥갓은 씻어 4cm 길이로 자른다.
2. 꽃게에 청주를 뿌려두었다가 방망이로 꾹꾹 눌러 살만 발라내고, 껍데기는 물, 생강즙과 함께 육수를 낸다. 우려낸 육수에 된장을 풀어둔다.
3. 두꺼운 냄비에 참기름 1큰술, 불린 쌀, 소주를 넣고 볶다가 쌀이 투명해지면 된장 육수를 붓고 끓인다.
4. 쌀이 퍼지면 발라둔 게살과 국간장을 넣고 끓인다.
5. 쑥갓을 넣고 한소끔 끓인 후 볶은 소금, 후춧가루로 간하여 참기름 1큰술을 두르고 죽을 완성한다.

🍲 꽃게는 키토산이 많아 나쁜 콜레스테롤을 몸 밖으로 내보내고 혈관에 쌓이는 혈전
을 방지하며 활성산소를 억제해줘요. 심근경색, 뇌졸중, 심장마비 등 심혈관 질환
예방에 도움을 준답니다.

대합죽

재료

대합살 2마리, 불린 쌀 1컵, 양파 1/2개, 당근 30g, 두부 1/4모, 대파 1/2대,
홍고추 1개, 참기름 2큰술, 소주 · 액젓 1큰술씩, 볶은 소금 조금, 소금물(굵은 소금)

만드는 법

1. 대합살은 소금물에 깨끗이 씻은 후 다진다.
2. 야채들은 송송 다지고, 두부는 잘게 깍둑썰기한다.
3. 두꺼운 냄비에 참기름 1큰술, 불린 쌀, 소주를 넣고 볶다가 1과 액젓을 넣고 한
   번 더 볶은 후 물을 붓고 끓인다.
4. 쌀이 퍼지면 두부와 야채를 넣고 끓이다가 참기름 1큰술을 두르고 죽을 완성한다.

TIP 대합살은 물에 다시 한 번 더 씻어 이물질을 제거한다.

게살새우죽

재료

게살 60g, 새우살 60g,
불린 쌀 1컵, 물 7컵, 소주 1큰술,
참기름 2큰술, 멸치액젓 1큰술, 볶은 소금 조금

만드는 법

1. 새우살은 씻어놓고 게살은 찢어놓는다.
2. 두꺼운 냄비에 참기름 1큰술, 불린 쌀, 소주를 넣고 볶다가 새우살과 멸치액젓을
   넣고 한 번 더 볶은 후 물을 붓고 끓인다.
3. 쌀이 퍼지면 게살을 넣고 끓인 후 볶은 소금으로 간하여 참기름 1큰술을 두르고
   죽을 완성한다.

파래죽

재료

파래 한줌, 불린 찹쌀현미 1컵, 조개 육수 8컵,
홍고추 1개, 참기름 1큰술, 소주 1큰술, 볶은 소금 조금

만드는 법

1. 파래는 깨끗이 씻은 후 송송 썰고 홍고추는 씨를 제거한 후 다진다.
2. 두꺼운 냄비에 참기름, 불린 찹쌀현미, 소주를 넣고 볶다가 조개 육수를 붓고 푹
   끓인다.
3. 쌀이 푹 퍼지면 볶은 소금으로 1차 간하고 파래를 넣어 한소끔 끓인다.
4. 다진 홍고추를 넣고 볶은 소금으로 2차 간하여 죽을 완성한다.

TIP 파래는 오래 끓이면 색이 변하므로 잠깐만 끓여야 색과 향, 맛을 느낄 수 있다.

▲ 게살새우죽   ▲ 파래죽

🍲 **파래**는 칼륨이 많이 들어 있어 붓기를 빼고 몸 속에 쌓인 중금속을 몸 밖으로 배출하는 효과가 좋아요.

해산물야채죽

재료

낙지 1마리, 홍합살 1/2컵, 절단꽃게 4조각, 양파 30g, 당근 20g, 브로콜리 30g,
불린 쌀 1컵, 물 7컵, 화이트와인 2큰술, 버터 1큰술, 밀가루 1큰술
볶은 소금 · 후춧가루 조금씩, 소금물

만드는 법

1. 낙지는 밀가루를 넣어 바락바락 문질러 씻은 후 먹기 좋은 크기로 자르고, 홍합살
   은 연한 소금물에 씻어 물기를 뺀다. 절단꽃게도 물에 씻어 준비한다.
2. 양파, 당근, 브로콜리는 잘게 다진다.
3. 두꺼운 냄비에 버터를 넣고 꽃게와 화이트와인을 넣어 볶다가 불린 쌀을 넣고 볶
   은 후 물을 붓고 끓인다.
4. 쌀이 퍼지기 시작하면 **2**의 야채를 넣고 끓이다가 홍합살과 낙지를 넣고 볶은 소
   금, 후춧가루로 간하여 죽을 완성한다.

TIP 꽃게는 살만 바르고 껍데기를 육수로 만들어 사용하면 먹기 편하다.

낙지죽

재료

낙지 200g, 불린 찹쌀 1컵, 물 7컵, 무 100g, 대파 1/2대, 깻잎 5장, 밀가루 2큰술, 고춧가루 · 고추장 · 국간장 · 참기름 1큰술씩, 볶은 소금 · 후춧가루 조금씩

낙지 양념

참기름 · 다진 마늘 · 다진 파 1큰술씩, 생강즙 1/2큰술

만드는 법

1. 낙지는 밀가루를 넣고 바락바락 문질러 깨끗이 씻는다.
2. 냄비에 물을 붓고 낙지를 데쳐 1cm 길이로 썬 다음 낙지 양념에 버무리고, 데친 물은 따로 받아둔다.
3. 무는 나박썰고 대파는 4cm 길이로 썬다. 깻잎도 같은 길이로 채 썬다.
4. 냄비에 2의 낙지 데친 물을 붓고 불린 찹쌀과 무를 넣어 끓인다.
5. 쌀이 익으면 고춧가루, 고추장을 넣고 약하게 끓이다가 양념한 낙지를 넣는다.
6. 쌀이 충분히 퍼지면 국간장, 참기름, 볶은 소금, 후춧가루로 간하고 대파와 깻잎을 섞어 죽을 완성한다.

지쳐 쓰러진 소에게 낙지 2~3마리를 먹이면 벌떡 일어난다는 이야기가 있을 정도로 낙지는 원기회복을 대표하는 수산물이며 여름, 더위에 지친 몸에 기력을 불어 넣어준답니다.

꼬막야채죽

재료

꼬막 2컵, 불린 쌀 1컵, 물 7컵, 호박 30g, 당근 20g,
청양고추 1개, 참기름 2큰술, 소주 1큰술, 볶은 소금 조금, 소금물

만드는 법

1. 꼬막은 소금물을 넣어 비닐을 덮고 해감 후 바락바락 문질러 깨끗이 씻은 나음 물을 붓고 삶아 살과 육수를 분리한다.
2. 호박, 당근은 굵게 다지고 청양고추는 곱게 다진다.
3. 두꺼운 냄비에 참기름 1큰술, 불린 쌀, 소주를 넣고 볶다가 꼬막 육수를 붓고 끓인다.
4. 쌀이 퍼지기 시작하면 호박과 당근을 넣고 꼬막살을 넣어 끓인다.
5. 마지막에 청양고추를 넣고 볶은 소금으로 간하여 참기름 1큰술을 두르고 죽을 완성한다.

TIP 꼬막을 씻을 때 펄이 있는 조개가 없도록 신경쓰면서 씻는다.

굴야채죽

재료

굴 100g, 불린 쌀 1컵, 물 7컵, 양파 1/2개, 당근 30g, 브로콜리 30g, 표고버섯 30g,
참기름 1큰술, 소주 1큰술, 볶은 소금 조금, 소금물

만드는 법

1. 굴은 소금물에 씻은 후 체에 밭쳐 물기를 빼고, 야채는 다진다.
2. 두꺼운 냄비에 참기름, 불린 쌀, 소주를 넣고 볶다가 물을 붓고 푹 끓인다.
3. 쌀이 퍼지면 굴과 야채, 표고를 넣고 끓이다가 볶은 소금으로 간하여 죽을 완성한다.

TIP 자연산 굴은 제철인 겨울에 가장 맛있다. 여름에는 냉동이나 양식 굴을 쓰면 된다.

▲ 꼬막야채죽

▲ 굴야채죽

🥣 굴에 많은 타우린, DHA, EPA는 기억력을 높이고 두뇌활동을 촉진하는 효과가 있어요. 또한 각종 미네랄
이 풍부하여 예민해지기 쉬운 청소년의 신경 안정에 도움을 준답니다.

해물고추장덮죽

재료

홍합살 50g, 낙지 1마리, 알새우 50g, 절단꽃게 70g, 새송이버섯 1개, 대파 1/2대,
당근 50g, 청고추 1개, 고추장 1.5큰술, 올리고당 1큰술, 청주 1큰술,
다진 마늘 1/2큰술, 생강즙 1/4큰술, 참기름 1큰술, 흰죽 2컵,
식용유 1큰술, 볶은 소금 · 후춧가루 조금씩, 소금물

만드는 법

1. 낙지는 소금을 넣고 바락바락 문질러 씻은 후 4cm 길이로 자른다. 해물은 연한
   소금물에 씻은 후 체에 밭친다.
2. 새송이버섯과 당근은 편으로 썰고 대파와 고추는 어슷썬다.
3. 팬에 기름을 두르고 대파와 다진 마늘을 넣어 향을 낸 후 **1**과 청주, 생강즙을 넣
   고 볶다가 **2**를 넣고 볶는다.
4. 해물이 익으면 고추장, 올리고당을 넣고 볶은 후 볶은 소금, 후춧가루로 간한다.
5. 흰죽을 그릇에 담고 볶은 재료를 올려 참기름을 두르고 죽을 완성한다.

TIP 해산물은 한 번 사용할 분량만큼 따로 구분하여 냉동하면 손질할 필요 없이 바로 사
용할 수 있다.

🍲 새우는 아스타크산틴이라는 붉은색 항산화물질이 함유되어 있어 항암, 면역력 강화에 효과가 있으며 혈당과 콜레스테롤 수치 조절, 피로 회복, 숙취 해소에 좋아요.

기본 맛내기 육수 4

조개 육수

재료

바지락 2봉지, 다시마(10×10cm) 1장, 물 10컵

만드는 법

1. 물, 바지락, 다시마를 함께 넣고 끓이다가 조개 입
   이 벌어지면 불을 줄이고 잠시 더 끓인다.
2. 면포에 걸러 사용한다.

이유식

쇠고기배미음

재료

쌀가루 2큰술, 찹쌀가루 2작은술,
쇠고기 20g, 배 20g, 물 2.5컵

만드는 법

1. 쇠고기는 찬물에 30분간 담가 핏물을 제거하고 배는 껍질을 벗겨 다진나.
2. 냄비에 물을 붓고 쇠고기와 배를 먼저 익히다가 쌀가루와 찹쌀가루를 체에 쳐서 물과 함께 섞은 후 끓인다.
3. 2를 믹서에 넣고 간 후 체에 거른다.
4. 냄비에 붓고 중불에서 눋지 않도록 주걱으로 저어가며 끓이다가 약불에서 농도가 걸쭉해질 때까지 끓여 죽을 완성한다.

TIP 시간 절약을 위해 다져진 상태의 다짐육이나 다짐채소를 활용하면 편리하다.

블루베리미음

재료

쌀가루 2큰술, 찹쌀가루 2작은술,
블루베리 30g, 물 2.5컵

만드는 법

1. 블루베리는 흐르는 물에 씻은 후 믹서에 곱게 갈아 체에 거른다.
2. 쌀가루와 찹쌀가루는 체에 쳐서 물과 함께 한소끔 끓인다.
3. 2에 1을 붓고 눋지 않게 주걱으로 저어가며 끓이다가 약불에서 농도가 걸쭉해질 때까지 끓여 죽을 완성한다.

TIP 중기 이후의 이유식은 믹서에 간 후 체에 거르지 않고 그냥 끓여 먹인다.

▲ 쇠고기배미음

▲ 블루베리미음

🍲 **블루베리**에 들어 있는 안토시아닌 색소는 눈의 단백질이 혼탁해지는 결합을 억제시켜 백내장을 예방하며, 눈 건강은 물론 비뇨기 질환과 당뇨에 도움이 된답니다.

닭고기고구마미음

재료

쌀가루 2큰술, 찹쌀가루 2작은술,
고구마 50g, 닭고기 20g,
물 2.5컵,
분유물(분유 1큰술+물 1컵)

🍲 **닭고기**의 단백질은 포만감을 주고 지방을 산화시켜 체중 관리를 도와줘요. 고단백 식사
는 근육 소실을 감소시켜요.

만드는 법

1. 닭고기는 분유물에 20분 재웠다가 삶은 후 잘게 썰고, 고구마는 껍질을 벗긴 후
   잘게 썰어 삶는다.
2. 쌀가루와 찹쌀가루는 체에 쳐서 물과 함께 섞는다.
3. 1, 2를 믹서에 갈아 체에 거른 후 냄비에 붓고, 중불에서 눌지 않도록 주걱으로
   저어가며 끓이다가 약불에서 농도가 걸쭉해질 때까지 끓여 죽을 완성한다.

TIP 닭고기를 분유물에 재우면 닭 누린내를 잡을 수 있다.

닭고기브로콜리감자죽

재료

쌀가루 2큰술, 닭고기 20g, 브로콜리 30g,
감자 30g, 닭 육수 2.5컵, 분유물(분유 1큰술+물 1컵)

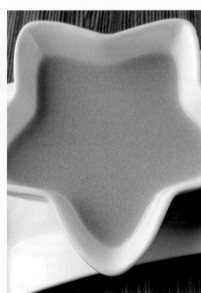

만드는 법

1. 닭고기는 분유물에 20분 재웠다가 삶은 후 잘게 썰고, 브로콜리는 적당히 잘라 데
   친 후 찬물에 헹군다.
2. 감자는 껍질을 벗겨 얇게 썰고 찬물에 담가 전분기를 뺀 후 닭 육수 1컵을 넣고
   삶는다. 쌀가루는 닭 육수 0.5컵에 풀어놓는다.
3. 1, 2의 삶은 감자, 닭 육수 1컵을 믹서에 갈고 풀어놓은 쌀가루와 함께 냄비에 담
   은 후 중불에서 눋지 않도록 주걱으로 저어가며 농도가 걸쭉해질 때까지 끓여 죽
   을 완성한다.

브로콜리는 혈액 내의 독소를 해독하는
효과가 있으며 브로콜리를 먹은 후
1~2주까지 효과가 지속돼요.

쇠고기당근시금치죽

재료
흰죽 100g, 쇠고기 50g, 시금치 20g, 당근 10g

만드는 법

1. 쇠고기는 찬물에 30분간 담가 핏물을 제거한 후 고기는 삶아서 잘게 다지고 육수
는 거즈에 거른다. 시금치는 데쳐 찬물에 헹군 후 잘게 썬다.
2. 당근은 껍질을 벗겨 잘게 다지고 쇠고기, 육수 2.5컵, 흰죽과 함께 냄비에 담아 중
불에서 눋지 않도록 주걱으로 저어가며 끓인다.
3. 데친 시금치를 넣고 약불에서 농도를 조절하면서 끓여 죽을 완성한다.

TIP 고기와 채소는 칼로 잘게 다지거나 믹서 또는 채소다지기를 사용하면 편리하다.

시금치야채죽

재료
시금치 50g, 당근 50g, 쇠고기 100g, 참기름 1큰술,
불린 쌀 1컵, 물 8컵

만드는 법

1. 시금치는 깨끗이 손질하여 씻은 후 송송 썰고 당근, 감자는 사방 1cm 크기로 자
른다.
2. 두꺼운 냄비에 참기름, 불린 쌀, 쇠고기를 넣고 볶다가 물을 붓고 끓인다.
3. 쌀이 퍼지기 시작하면 볶은 소금으로 1차 간하고 당근을 넣어 익을 때까지 바닥
이 눋지 않게 저어가며 끓인다.
4. 쌀이 푹 퍼지면 시금치를 넣고 한소끔 끓인 후 죽을 완성한다.

TIP 시금치를 데쳐 가볍게 무친 후 죽을 끓여도 맛있다.

▲ 쇠고기당근시금치죽

▲ 시금치야채죽

🍲 **시금치**는 철분이 필요한 성장기 어린이와 청소년, 임산부들에게 좋아요. 엽산이 많아 임산부들에게는 태아의 뇌에 영양을 공급하고, 어린이와 노인들에게는 두뇌활동을 활성화하여 기억력을 향상시켜준답니다.

동태살두부브로콜리죽

재료

흰죽 100g, 동태살 60g, 두부 40g,
브로콜리 30g, 당근 10g, 쇠고기 육수 2.5컵

만드는 법

1. 동태살은 가시를 제거한 후 찜기에 5분 정도 살짝 찐 다음 식혀서 잘게 다진다.
   데쳐도 좋다.
2. 두부는 으깨고 당근은 껍질을 벗겨 잘게 다진다. 브로콜리는 적당히 썰어 데친 후
   찬물에 헹궈 잘게 다진다.
3. 동태살, 쇠고기 육수, 흰죽을 냄비에 담아 중불에서 눋지 않도록 주걱으로 저어가
   며 끓이다가 **2**의 재료를 넣고 약불에서 농도를 조절하면서 끓여 죽을 완성한다.

TIP 생선이나 채소로만 만드는 죽은 쇠고기 육수를 사용하여 끓이면 맛을 더욱 향상시킬
    수 있다.

동태에는 아미노산이 풍부하게 들어 있어 피로를 풀어줘요. 특히 간의 피로를 풀어 주는 데 효과가 있어요.

쇠고기표고죽

재료

쇠고기 100g, 표고버섯 4장, 불린 현미 1컵, 물 7컵,
참기름 1큰술, 소주 1큰술

쇠고기 · 표고 양념

국간장 1큰술, 설탕 1큰술, 다진 마늘 1/2큰술, 참기름 1큰술, 후춧가루 조금

만드는 법

1. 쇠고기는 핏물을 제거한 후 다지고 표고는 기둥을 제거한 후 다져서 쇠고기 · 표고 양념에 버무린다.
2. 두꺼운 냄비에 참기름, 소주, 1의 양념한 쇠고기, 표고를 넣고 볶다가 불린 현미를 넣고 볶은 후 물을 붓고 푹 끓여 죽을 완성한다.

🍲 **표고버섯**은 변비와 면역력 향상에 좋아요. 특히 비타민 D 성분이 들어 있어 뼈에 칼슘을 공급하는 기능을 하기 때문에 아이들의 성장에 도움이 된답니다.

쇠고기우엉죽

🍲 우엉은 당뇨를 개선하고 생리통, 생리불순 및 배변활동에 도움을 주며, 다이어트에도
좋은 식품이에요.

재료
흰죽 100g, 쇠고기 50g, 우엉 30g, 단배추 30g, 당근 10g

만드는 법
1. 쇠고기는 찬물에 30분간 담가 핏물을 제거한 후 고기는 삶아서 잘게 다지고 육수
   는 거즈에 거른다. 배추는 데쳐 찬물에 헹군 후 잘게 썰어두고, 우엉은 껍질을 벗
   기고 적당히 잘라 삶은 후 믹서에 간다.
2. 당근은 껍질을 벗겨 잘게 다지고 1의 우엉, 쇠고기, 육수 2.5컵, 흰죽과 함께 냄비
   에 담아 중불에서 눋지 않도록 주걱으로 저어가며 끓인다.
3. 죽이 완성되어가면 데친 배추를 넣고 약불에서 농도를 조절해가며 끓여 완성한다.

파뿌리배죽

재료
불린 쌀 1컵, 배 1개, 파뿌리 3개, 물 8컵

만드는 법
1. 배는 껍질을 벗겨 갈아주고, 배 껍질과 파뿌리는 물을 넣고 끓인 후 우러나면 체
   에 걸러 육수를 만든다.
2. 냄비에 1과 육수 7컵을 붓고 쌀이 퍼질 때까지 끓인 후 1의 배즙을 넣고 끓여 죽
   을 완성한다.

TIP 파뿌리는 깨끗이 씻은 후 된장찌개나 김치찌개 육수 등 다양한 육수를 낼 때 사용하
     면 좋다.

▲ 쇠고기우엉죽

▲ 파뿌리배죽

🥣 **파뿌리**는 감기로 머리가 아플 때 달여 먹으면 땀이 나게 하고 찬바람과 감기 기운을 몰아낸답니다.

기본 맛내기 육수 5

북어·마른 새우·다시마 육수

재료

북어 1마리, 마른 새우 50g,
다시마(10×10cm) 1장, 물 10컵

만드는 법

1. 북어는 1시간 정도 물에 불린다.
2. 마른 새우와 다시마를 넣고 국물이 우러나도록 끓
   여 사용한다.

· 지역특산물죽 ·

하동의 재첩된장죽

재료

재첩 2컵, 불린 쌀 1컵, 물 7컵,
된장 1큰술, 국간장 1큰술, 쑥갓 2대

만드는 법

1. 재첩은 하루 동안 물에 담가둔 후 깨끗이 문질러 씻고, 쑥갓은 씻어 4cm 길이로 자른다.
2. 냄비에 물을 붓고 1의 재첩을 넣어 입이 벌어질 때까지 삶는다.
3. 재첩살은 발라내고 육수는 거즈에 거른다. 된장을 풀고 불린 쌀을 넣어 죽을 끓인다.
4. 쌀이 푹 퍼지면 재첩살과 쑥갓을 넣고 한소끔 끓인 후 국간장으로 간하여 죽을 완성한다.

TIP 불린 쌀 대신 식은 밥을 활용해도 된다. 재첩을 고를 때는 크기가 작으면서 패각이 광택 나는 것을 고르는 것이 좋으며, 시판용 재첩살을 사용해도 된다.

🍜 **재첩**에 들어 있는 메티오닌은 간의 해독작용을 돕기 때문에 숙취 해소에 좋으며,
타우린은 혈액순환을 원활하게 하므로 고혈압, 동맥경화 등 성인병 예방에 좋아요.

통영의 고구마빼떼기죽

재료

말린 고구마 100g, 강낭콩 · 땅콩 50g,
물 2컵, 꿀 2큰술, 볶은 소금 조금

만드는 법

1. 말린 고구마와 강낭콩 · 땅콩을 깨끗이 씻어 전기압력밥솥에 넣고 씸 기능으로 20분 동안 삶는다.
2. 빼떼기와 콩이 완전히 익으면 냄비에 담아 푹 퍼질 때까지 끓인다.
3. 볶은 소금으로 간하고 꿀로 마무리 맛을 내어 죽을 완성한다.

TIP 고구마를 건조기에 말릴 때는 55도로 맞추고 8시간 정도 말리면 좋다.

전남의 고구마전복죽

재료

고구마 1개, 전복 2마리, 불린 찹쌀현미 1컵,
물 8컵, 참기름 1큰술, 소주 1큰술, 새우젓 조금

만드는 법

1. 고구마는 껍질을 벗겨 사방 1cm 크기로 자르고 전복은 솔로 깨끗이 씻어 껍질과 분리한 후 내장은 다지고 살은 편 썬다.
2. 두꺼운 냄비에 참기름, 전복, 불린 찹쌀현미, 소주를 순서대로 넣어 볶다가 물을 붓고 끓인 후 쌀이 퍼지기 시작하면 고구마를 넣고 끓인다.
3. 쌀이 퍼지면 전복 내장을 넣고 한소끔 끓인 후 새우젓으로 간하여 죽을 완성한다.

TIP 전복 내장은 오래 끓이면 영양소가 많이 파괴된다.

▲ 통영의 고구마빼떼기죽

▲ 전남의 고구마전복죽

🍲 **말린 고구마**에 들어 있는 베타카로틴은 항암효과가 있어 암을 예방하고 세포의 노화를 방지하는 항산화 작용에 탁월해요.

경북의 사과곶감죽

재료

사과 1개, 곶감 2개, 오곡현미 햇반 1개,
물 3컵, 꿀 1큰술, 볶은 소금 조금

TIP 사과와 곶감은 오래 끓이면 식감을 느낄 수 없으므로 살짝만 끓인다.

만드는 법

1. 사과와 곶감은 사방 1cm 크기로 자른다.
2. 냄비에 밥과 물을 붓고 10~12분 정도 끓인 후 밥이 퍼지면 사과를 넣고 끓인다.
3. 밥이 푹 퍼지면 곶감을 넣고 끓이다가 볶은 소금과 꿀을 넣고 간하여 죽을 완성
   한다.

창원의 오만둥이홍합죽

재료

홍합살 1컵, 오만둥이 1컵, 불린 찹쌀현미 1컵, 물 8컵,
된장 1큰술, 청 · 홍고추 1개씩,
참기름 2큰술, 소주 1큰술,
볶은 소금 조금

TIP 오만둥이는 오래 끓이면 질겨진다. 미더덕이 나오는 철에는 미더덕을 넣고 끓이면 죽
이 향긋하고 맛있다.

만드는 법

1. 홍합살과 오만둥이는 깨끗이 씻어 물기를 뺀다. 오만둥이는 작게 잘라 물 7컵을
   넣고 한소끔 끓인 후 건더기는 걸러둔다.
2. 된장은 1컵 분량의 물에 풀어두고 청 · 홍고추는 어슷썬다.
3. 두꺼운 냄비에 참기름 1큰술, 불린 찹쌀현미, 소주를 넣고 볶다가 오만둥이 육수
   와 된장 푼 물을 넣고 끓인다.
4. 쌀이 퍼지면 홍합살과 청 · 홍고추를 넣어 한소끔 끓인 후 오만둥이를 넣고 살짝 끓
   인다.
5. 볶은 소금으로 간하여 참기름 1큰술을 두르고 죽을 완성한다.

🍲 **오만둥이**는 동맥경화, 고혈압, 뇌출혈 등 성인병을 예방하며 변비, 비염에 효과가
좋아 학습기능 향상에 도움을 줘요.

전북의 백합죽

재료

백합 2컵, 불린 찹쌀현미 1컵, 물 8컵, 청·홍고추 1개씩,
참기름 2큰술, 소주 1큰술, 참깨 1큰술, 새우젓 1작은술, 볶은 소금 조금, 소금물

만드는 법

1. 백합은 검은 봉지나 어두운 통에 담아 연한 소금물에 해감한다.
2. 해감한 백합을 깨끗이 씻어 물과 함께 냄비에 끓인 후 백합 입이 벌어지면 육수와 살을 분리한다. 청·홍고추는 어슷썬다.
3. 두꺼운 냄비에 참기름 1큰술, 불린 찹쌀현미, 소주를 넣고 볶다가 쌀이 투명해지면 백합 육수를 붓고 푹 끓인다.
4. 쌀이 푹 퍼지면 백합살과 고추를 넣고 한소끔 끓인 후 볶은 소금과 새우젓으로 간하여 참기름 1큰술을 두르고 죽을 완성한다.

제주도의 옥돔톳죽

재료

옥돔 1마리, 톳 한줌, 불린 찹쌀현미 1컵, 물 8컵, 참기름 1큰술, 소주 1큰술,
식용유·볶은 소금·후춧가루 조금씩

만드는 법

1. 팬에 기름을 두르고 옥돔을 노릇하게 구워 살만 발라낸다. 톳은 깨끗이 씻은 후 송송 썬다.
2. 두꺼운 냄비에 참기름, 불린 찹쌀현미, 소주를 넣고 볶다가 톳과 물을 넣고 푹 끓인다.
3. 쌀이 푹 퍼지면 옥돔살을 넣어 한소끔 끓인 후 볶은 소금, 후춧가루로 간하여 죽을 완성한다.

TIP 톳 대신 미역이나 모자반을 활용해도 좋다.

▲ 전북의 백합죽

▲ 제주도의 옥돔톳죽

🍲 **옥돔**은 단백질과 미네랄이 풍부하여 산모의 산후조리에 좋고, 다른 생선들에 비해 글라이신이라는 아미노산이 풍부하기 때문에 피로감과 무기력감에도 많은 효과가 있어요.

전남의 죽순덮죽

재료

죽순 80g, 표고버섯 3장, 당근 50g, 호박 50g,
대파 1/4대, 마늘 2톨, 홍고추 1개, 불린 쌀 1컵,
물 7컵, 굴소스 1큰술, 식용유 1큰술, 소주 1큰술, 참기름 2큰술,
볶은 소금 · 후춧가루 조금씩

만드는 법

1. 죽순은 끓는 물에 데친 후 찬물에 헹궈 편 썰고, 표고는 기둥을 제거하고 썬다.
2. 당근과 호박, 마늘은 편 썰고, 대파는 3cm 길이로 채 썬다. 홍고추는 어슷썬다.
3. 냄비에 참기름 1큰술, 불린 쌀, 소주를 넣고 볶다가 물을 붓고 끓인다.
4. 팬에 기름을 두르고 대파와 마늘을 먼저 볶아 향을 낸 후 나머지 채소들을 넣고 볶는다.
5. 채소들이 투명해지면 굴소스, 볶은 소금, 후춧가루로 간하고 마지막에 참기름 1큰술을 두른다.
6. 3의 죽을 그릇에 담고 5를 보기 좋게 올려 죽을 완성한다.

🍲 **죽순**의 주성분은 탄수화물, 단백질, 섬유소이므로 변통효과가 좋아 비만을 방지해요. 죽순에 들어 있는 칼륨은 염분의 배출을 도와 혈압이 높은 사람에게 특히 좋아요.

강원도의 감자옥수수곤드레죽

재료

감자 1개, 옥수수 1/2컵, 데친 곤드레나물 50g,
불린 찹쌀현미 1컵, 참기름 1/2큰술, 들기름 1/2큰술, 물 7컵
소주 1큰술, 국간장 1큰술, 볶은 소금 조금

만드는 법

1. 감자는 사방 1cm 크기로 자르고 곤드레나물은 송송 썰어 국간장에 무친다.
2. 두꺼운 냄비에 참기름, 들기름, 불린 찹쌀현미, 소주를 넣고 볶다가 물을 붓고 끓인다.
3. 쌀이 퍼지기 시작하면 1과 옥수수를 넣고 푹 끓이다가 마지막에 볶은 소금으로 간하여 죽을 완성한다.

TIP 곤드레나물은 들기름을 사용하면 더 고소한 맛을 즐길 수 있다. 섬유질이 많아 포만감을 주고 저열량, 저지방 채소로 다이어트에 좋다.

감자는 칼슘, 인이 많이 들어 있어 뼈를 튼튼하게 해요.
빈혈을 예방하고 식이섬유가 풍부하여 변비에 좋고,
혈액순환을 도와 혈관 질환을 예방하는 데 효과가 있어요.

경기도의 현미쌀쇠고기죽

재료

쇠고기 100g, 표고버섯 4장, 단배추 50g, 청 · 홍고추 1개씩,
불린 현미 1컵, 물 8컵, 참기름 1큰술,
소주 1큰술, 볶은 소금 조금

쇠고기 · 표고 양념

간장 2큰술, 설탕 1큰술, 다진 마늘 1작은술,
참기름 · 후춧가루 조금씩

만드는 법

1. 쇠고기는 핏물을 제거한 후 다지고, 표고는 밑동을 제거한 후 다져서 양념에 버무린다.
2. 단배추는 깨끗이 씻은 후 송송 썰고 청 · 홍고추는 깨끗이 씻어 어슷썬다.
3. 두꺼운 냄비에 참기름, 불린 현미, 소주를 넣고 볶다가 쇠고기, 표고를 같이 넣고 더 볶은 후 물을 붓고 끓인다.
4. 쌀이 퍼지면 단배추를 넣고 끓이다가 청 · 홍고추를 넣고 볶은 소금으로 간하여 죽을 완성한다.

TIP 단배추는 배추 잎이 넓고 두껍지 않은 것을 고른다. 보관할 때는 신문지에 싸서
　　서늘한 곳에서 밑동이 아래쪽으로 가도록 보관한다.

기본 재료 손질법 1

해조류

1. **다시마** : 젖은 면포로 닦아낸 후 찬물에 넣고 끓으면 건져낸다.
2. **미역** : 물에 담가 불린 후 깨끗이 씻어 먹기 좋게 자른다.
3. **김** : 잡티를 털어내고 2장씩 겹쳐 석쇠에 살짝 굽는다.
4. **톳** : 굵은 소금을 뿌려 박박 문질러 씻은 후 흐르는 물에 충분히 씻는다.

별미죽

다슬기고추장죽

재료

다슬기 1컵, 불린 쌀 1컵, 고추장 2큰술,
대파 1/2대, 참기름 1큰술, 소주 1큰술,
볶은 소금 조금

만드는 법

1. 다슬기는 깨끗이 씻어 소쿠리에 잠시 두었다가 끓는 물에 데친 후 살을 발라내고,
   나슬기 싫은 물은 육수로 사용한다. 대파는 송송 썬다.
2. 두꺼운 냄비에 참기름, 불린 쌀, 소주를 넣고 볶다가 육수 7컵을 붓고 고추장을
   풀어 쌀이 퍼질 때까지 푹 끓인다.
3. 쌀이 푹 퍼지면 다슬기살과 대파를 넣고 한소끔 끓여 죽을 완성한다.

TIP 다슬기는 시중에 살만 발라 놓은 것을 구매하여 사용하면 편리하다.

🍲 **고추장**에 들어 있는 베타카로틴은 노화와 질병의 원인이 되는 활성산소를 없애는 항산화작용을 하며, 세포의 손상을 막는 동시에 세포 재생을 도와 노화를 예방하고 면역력을 높여줘요.

두부명란죽

재료

불린 쌀 1컵, 물 7컵, 두부 1/4모, 명란 50g, 브로콜리 50g, 국간장 1/2큰술,
다진 마늘 1/2작은술, 새우젓 1/2작은술, 청주 1큰술,
소주 1큰술, 참기름 2큰술, 볶은 소금 · 흰 후춧가루 조금씩

🍲 **명란**은 필수아미노산이 농축되어 있는 단백질 덩어리로, 성장기 어린이와 노년층에 좋
아요.

만드는 법

1. 두부와 명란은 작게 깍둑썰기하고 브로콜리는 다지듯 썬다.
2. 두꺼운 냄비에 참기름 1큰술, 불린 쌀을 넣어 볶다가 소주를 넣고 살짝 볶은 후
   물을 부어 센 불에서 끓인다.
3. 쌀이 퍼지면 불을 줄이고 두부와 명란, 다진 마늘, 새우젓을 넣고 저어가며 끓인
   다. 국간장과 청주를 넣고 중간 간을 하면서 끓인다.
4. 마지막에 브로콜리를 넣고 볶은 소금과 후춧가루로 간하여 참기름 1큰술을 두르
   고 죽을 완성한다.

TIP 두부명란죽은 몸에 좋은 두부와 피부에 좋은 명란을 넣은 쌀죽으로 몸에도 좋고
맛도 좋아 별식으로 손색이 없다.

순두부베이컨덮죽

재료

순두부 1봉, 불린 쌀 1컵, 물 7컵,
베이컨 6줄, 모듬 냉동야채 100g, 고추장 1큰술,
다진 파 1/2큰술, 다진 마늘 1/2큰술, 참기름 1큰술, 소주 1큰술,
볶은 소금 · 후춧가루 조금씩

만드는 법

1. 냄비에 참기름, 불린 쌀, 소주를 넣고 볶다가 물을 붓고 쌀이 퍼질 때까지 끓인다.
   죽이 거의 완성되면 순두부를 넣고 한소끔 끓여 그릇에 담는다.
2. 야채는 나박썰기를 하고 베이컨도 비슷한 크기로 자른다.
3. 팬에 베이컨을 넣어 볶다가 2의 야채를 넣고 볶은 후 고추장, 다진 파, 다진 마늘
   을 넣고 볶는다. 볶은 소금, 후춧가루로 간하고 1의 위에 올려 죽을 완성한다.

TIP 집집마다 된장의 염도가 다르기 때문에 간은 가감해야 한다.

도넛덮죽

재료

검은깨 두유 1팩, 선식가루 3큰술, 찹쌀도넛 2개,
볶은 소금 조금

만드는 법

1. 냄비에 물을 붓고 선식가루를 물에 풀어 바닥이 눋지 않게 나무주걱으로 저어가
   며 끓인다.
2. 1이 끓으면 두유를 넣고 한소끔 끓인 후 볶은 소금으로 간한다.
3. 도넛을 가위로 잘라 2에 올려 죽을 완성한다.

TIP 선식가루는 집에 가지고 있는 각종 곡물가루를 사용하면 된다.

▲ 순두부베이컨덮죽

▲ 도넛덮죽

🥄 팥은 만성 염증 및 어혈을 풀어주고 혈액순환을 도와 통증 예방에 도움이 돼요.

밤두유죽

재료

날밤(깎은 밤) 10톨, 불린 쌀 1컵,
두유 1팩, 물 1컵, 검은깨 · 볶은 소금 · 꿀 조금씩

만드는 법

1. 날밤은 불린 쌀, 물과 함께 믹서에 넣고 곱게 갈아 두꺼운 냄비에 넣고 바닥이 눋지 않도록 저어가며 끓인다.
2. 끓기 시작하면 두유를 넣고 농도를 맞춘 후 볶은 소금과 꿀로 간하고 검은깨를 올려 죽을 완성한다.

밤은 성장 발육, 신장 강화, 피부 미용과 피로회복에 도움을 줘요.

매생이바지락죽

재료

매생이 한줌, 바지락 2컵,
불린 쌀 1컵, 물 8컵, 참기름 1큰술, 소주 1큰술,
볶은 소금 조금

TIP 바지락 대신 홍합, 굴, 새우살 등 다양한 해산물을 넣어 응용해도 된다.

만드는 법

1. 바지락은 해감하여 물과 함께 끓인 후 육수와 살을 분리한다. 매생이는 깨끗이 씻은 후 자른다.
2. 두꺼운 냄비에 참기름, 불린 쌀, 소주를 넣고 볶다가 바지락 육수 7컵을 붓고 푹 끓인다.
3. 쌀이 퍼지면 매생이와 바지락살을 넣고 볶은 소금으로 간하여 한소끔 끓인 후 죽을 완성한다.

🥣 **매생이**는 5대 영양소가 골고루 들어 있어 겨울철에 먹으면 몸에 힘이 나고 숙취 해
소, 스트레스 해소, 성인병 예방, 골다공증 예방 및 어린이 성장촉진 등에도 도움을
준답니다.

씨앗죽

재료

쌀가루 1컵, 호박씨 30g, 아몬드 30g, 호두 30g,
물 3컵, 볶은 소금 조금

만드는 법

1. 호박씨, 아몬드, 호두는 물과 함께 믹서에 곱게 갈고 쌀가루는 물에 풀어둔다.
2. 두꺼운 냄비에 1의 씨앗즙을 넣고 바닥이 눋지 않게 나무주걱으로 저으면서 쌀가루 푼 물을 조금씩 넣어가며 끓인다.
3. 쌀이 퍼지면 볶은 소금으로 간하여 죽을 완성한다.

TIP 은행, 깨, 해바라기씨 등 각종 견과류를 이용한다.

선식죽

재료

선식가루 4큰술, 쌀가루 2큰술, 물 2컵,
검은깨 · 볶은 소금 · 꿀 조금씩

만드는 법

1. 선식가루와 쌀가루를 물 1컵과 섞는다.
2. 두꺼운 냄비에 물 1컵과 1에서 섞은 물을 붓고 눋지 않게 나무주걱으로 저어가며 끓인다.
3. 농도가 적당하면 기호에 따라 볶은 소금과 꿀을 첨가하여 먹는다.

TIP 선식가루와 쌀가루의 비율은 자유롭게 해도 좋다.

▲ 씨앗죽

▲ 선식죽

🍲 **검은깨**는 심장, 신장, 간, 폐를 보호하고 원기 및 체력증진에 도움을 주며 불로장생을 이뤄주는 식품이라고 알려져 있어요. 회복이 필요한 사람에게 매우 좋아요.

우렁이단배추죽

재료

깐 우렁이살 1컵, 단배추 70g, 불린 쌀 1컵, 된장 1큰술, 물 7컵,
참기름 1큰술, 소주 1큰술, 다진 마늘 1/2작은술,
홍고추 1개, 볶은 소금 조금

만드는 법

1. 우렁이살은 물에 씻어 큰 것은 잘라 준비한다. 단배추는 씻은 후 3cm 길이로 송송 썰고 홍고추는 어슷썬다.
2. 된장은 물 1컵을 붓고 풀어둔다.
3. 두꺼운 냄비에 참기름, 불린 쌀, 소주를 넣고 볶다가 된장 푼 물과 물 6컵을 붓고 쌀이 퍼질 때까지 끓인다.
4. 쌀이 푹 퍼지면 우렁이살과 단배추를 넣고 끓이다가 다진 마늘과 볶은 소금으로 간하여 죽을 완성한다.

🍲 **우렁이**는 칼슘과 철분이 많아 성장기 어린이의 골격을 형성하는 데 도움을 줘요. 그 밖에도 골다공증과 빈혈 예방, 부종 완화, 피로 회복, 숙취 해소 등 다양한 효능이 있어요.

TIP 우렁이단배추죽을 끓일 때 물 대신 조개 육수나 멸치 육수를 사용하면 좀 더 감칠
맛 나는 죽을 즐길 수 있다.

소시지치즈죽

재료

소시지 10개, 슬라이스치즈 2장,
햇반 1개, 물 3컵,
볶은 소금 · 후춧가루 조금씩

TIP   소시지 대신 스팸이나 햄을 이용해도 좋다.

만드는 법

1. 소시지는 끓는 물에 데친 후 사방 1cm 크기로 자르고 치즈도 같은 크기로 잘라
   준비한다.
2. 냄비에 밥과 물을 넣고 밥이 푹 퍼질 때까지 끓인다.
3. 밥이 퍼지면 소시지와 치즈를 넣고 볶은 소금, 후춧가루로 간하여 죽을 완성한다.

🍲 **치즈**는 양질의 단백질을 함유하고 있어 병후 회복이나 성장기 어린이, 임산부, 수유기에 있는 여성에게 고단백질을 보충해줘요.

기본 재료 손질법 2

육류

1. **쇠고기** : 핏물을 닦은 후 힘줄을 떼고 알맞은 크기로 잘라 칼등이나 고기망치로 두들긴다.
2. **돼지고기** : 핏물을 닦은 후 칼등이나 고기망치로 두들겨 육질을 부드럽게 한다.
3. **닭고기** : 통째로 요리할 때는 노란 기름덩어리와 볼록하게 나온 꽁지, 날개 끝을 잘라낸다.
4. **내장류** : 소금이나 밀가루를 넣고 바락바락 주물러 여러 번 깨끗한 물에 헹군다.

시제품 간편죽

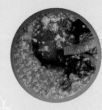

삼계탕죽

재료
시판용 삼계탕 1봉,
햇반 1개,
물 3컵,
볶은 소금 · 흰 후춧가루 조금씩

TIP 대추를 약선 음식에 넣을 때는 씨를 빼고 사용한다. 볶은 소금, 흰 후춧가루는 별도의
그릇에 담아 기호에 따라 간하여 먹도록 한다.

만드는 법

1. 두꺼운 냄비에 시판용 삼계탕의 육수만 붓고 물과 밥을 넣은 후 10~12분 정도 끓
   인다.
2. 밥이 충분히 퍼지면 닭을 넣고 한 번 더 끓인다.
3. 볶은 소금과 흰 후춧가루로 간하여 죽을 완성한다.

🍲 닭은 간 기능을 회복시키는 효능이 있어 피로한 몸에 활력을 더해주고, 위와 폐를 따뜻하게 하며 원기를 보충해줘요.

황태콩나물죽

재료

시판용 황태콩나물국 1봉,
햇반 1개,
물 3컵,
볶은 소금 · 흰 후춧가루 조금씩

만드는 법

1. 건더기와 육수를 분리한 후 냄비에 육수, 밥, 물을 넣고 함께 끓인다.
2. 밥이 퍼지면 건더기를 넣고 한소끔 끓인다.
3. 볶은 소금, 흰 후춧가루로 간하여 죽을 완성한다.

TIP 시판용 국들은 대체로 간이 강하므로 맛을 보고 간을 가감한다.

🥣 **황태**에 들어 있는 메티오닌은 간 보호와 숙취 해소에 좋고, 콜라겐은 피부를 탄력
있게 가꾸는 데 도움이 돼요.

장조림죽

재료

시판용 장조림 1팩, 햇반 1개,
물 3컵, 참기름 1큰술,
간장 1/4큰술, 깨소금 1큰술

만드는 법

1. 시판용 장조림의 건더기와 육수를 분리한 후 냄비에 밥과 참기름을 넣고 볶다가
   육수와 물을 넣고 10~12분 정도 끓인다.
2. 밥이 충분히 퍼지면 건더기를 넣고 한소끔 끓인다.
3. 간장으로 간하여 그릇에 담고 깨소금을 고명으로 올려 죽을 완성한다.

미트볼덮죽

재료

시판용 미트볼 1팩, 햇반 1개,
물 3컵, 케첩 1큰술,
볶은 소금 · 후춧가루 조금씩

만드는 법

1. 시판용 미트볼의 건더기와 소스를 분리한 후 팬에 미트볼 소스와 밥, 물을 넣고
   10~12분 정도 끓인다.
2. 밥이 충분히 퍼지면 미트볼 건더기를 넣고 한소끔 끓인다.
3. 케첩과 볶은 소금, 후춧가루로 간하여 죽을 완성한다.

▲ 장조림죽

▲ 미트볼덮죽

TIP 장조림죽은 기호에 따라 청양고추를 넣어 매콤하게 죽을 만들어도 좋고, 아이에게 미트볼덮죽을 만들어
　　　줄 때는 간을 더 하지 않아도 좋다.

우렁이강된장죽

재료

시판용 우렁이강된장 소스 1팩,
햇반 1개, 물 3컵, 대파 1/2대,
국간장 1작은술

만드는 법

1. 냄비에 우렁이강된장 소스, 물, 밥을 넣고 끓인다. 대파는 어슷썬다.
2. 밥이 퍼지도록 10~12분 정도 끓인다.
3. 밥이 충분히 퍼지면 어슷썬 대파를 넣고 한소끔 끓인 후 국간장으로 간하여 죽을
   완성한다.

TIP   양파나 호박 등 냉장고에 있는 재료를 첨가하면 좋다.

🥄 **된장**은 항암작용, 항산화작용, 혈관 건강, 단백질 공급, 골다공증 예방, 뇌 기능 향상 등 많은 효과가 있어요.

순두부찌개죽

🍲 순두부에는 칼슘이 많아 뼈 손상을 막고 뼈 조직을 생성하며, 뇌 건강에 효능이 있어요.
또한 순두부는 100g당 47kcal로 칼로리가 낮답니다.

재료
시판용 순두부찌개 1팩, 햇반 1개,
달걀 1개, 물 3컵, 새우젓 1작은술

만드는 법
1. 시판용 순두부찌개의 육수와 건더기를 분리한 후 냄비에 육수, 밥, 물을 넣고 끓인다.
2. 밥이 충분히 퍼지면 건더기를 넣고 한소끔 끓인다.
3. 달걀을 넣고 새우젓으로 간하여 죽을 완성한다.

TIP 고추기름을 내어 죽을 끓이면 고소하고 칼칼한 맛이 더해진다.

김치찌개죽

재료
시판용 김치찌개 1봉, 햇반 1개, 물 3컵, 멸치액젓 1작은술

만드는 법
1. 시판용 김치찌개의 육수와 건더기를 분리한 후 육수, 밥, 물을 넣고 끓인다.
2. 밥이 충분히 퍼지면 건더기를 넣고 한소끔 끓인다.
3. 멸치액젓으로 간하여 죽을 완성한다.

TIP 시판용이 아니라도 가정에서 먹던 김치찌개를 이용하여 끓여도 좋다.

▲ 순두부찌개죽

▲ 김치찌개죽

🍲 **김치찌개**는 식이섬유와 비타민, 젖산균, 칼슘, 칼륨, 철, 인이 풍부하여 각종 질병 예방에 좋아요. 김치 1g 당 10억 마리의 유산균이 존재하는데, 이 유산균의 세포벽 성분 또한 항암효과가 있어요.

선지해장국죽

재료

시판용 선지해장국 1팩,
햇반 1개, 물 3컵, 볶은 소금 조금

TIP 생 선지를 사왔을 경우 깨끗이 씻은 후 끓는 물에 소금, 생강
가루를 넣고 10분 정도 익힌 후 찬물에 헹군다.

만드는 법

1. 건더기와 육수를 분리한 후 육수, 밥, 물을 넣고 끓인다.
2. 밥이 충분히 퍼지면 건더기를 넣고 한소끔 끓인 후 볶은 소금으로 간하여 죽을 완
   성한다.

🍲 선지는 철분이 많이 들어 있어 빈혈 예방, 독소 배출, 숙취 해소에 좋고, 100g에 27kcal인 저칼로리 식품이므로 다이어트에도 좋아요.

햄버그스테이크야채죽

재료

시판용 햄버그스테이크 1팩,
햇반 1개, 물 3컵,
냉동믹스야채 1컵,
식용유 적당량,
돈가스 소스 · 후춧가루 조금씩

만드는 법

1. 팬에 기름을 두르고 냉동믹스야채를 볶다가 시판용 햄버그스테이크 소스와 밥,
   물을 넣고 밥이 퍼지도록 끓인다.
2. 밥이 충분히 퍼지면 햄버그스테이크 건더기를 넣고 한소끔 끓인다.
3. 돈가스 소스와 후춧가루로 간하여 죽을 완성한다.

TIP 햄버그스테이크야채죽을 끓일 때 돈가스 소스 대신 케첩을 사용해도 좋다.

갈비탕죽

재료

시판용 갈비탕 1봉, 오곡 햇반 1개, 물 3컵,
대파 1/2대, 볶은 소금, 후춧가루 조금씩

만드는 법

1. 건더기와 육수를 분리한 후 냄비에 육수, 밥, 물을 넣고 10분간 끓인다. 대파는 어숫썬다.
2. 밥이 충분히 퍼지면 갈비탕 건더기와 어숫썬 대파를 넣고 한소끔 끓인다.
3. 볶은 소금, 후춧가루로 간하여 죽을 완성한다.

TIP 불린 당면을 준비하여 국밥처럼 끓인 후 함께 넣어 먹어도 좋다.

육개장죽

♨ **차돌박이**는 필수아미노산이 많아 성장기 어린이에게 매우 좋고, 다른 부위보다 연골지
방이 많이 들어 있어 콜레스테롤 양이 적어요.

재료
시판용 차돌육개장 1팩,
햇반 1개, 물 3컵, 멸치액젓 1작은술

만드는 법
1. 시판용 차돌육개장의 건더기와 육수를 분리한 후 육수, 밥, 물을 넣고 끓인다.
2. 밥이 충분히 퍼지면 건더기를 넣고 한소끔 끓인다.
3. 멸치액젓으로 간하여 죽을 완성한다.

TIP   차돌박이 대신 대패 삼겹살을 사용하여 끓여도 별미이다.

부대찌개죽

재료
시판용 참치부대찌개 1봉,
햇반 1개, 물 3컵, 참치액젓 1작은술

만드는 법
1. 시판용 참치부대찌개의 건더기와 육수를 분리한 후 육수, 밥, 물을 넣고 끓인다.
2. 밥이 충분히 퍼지면 건더기를 넣고 한소끔 끓인다.
3. 참치액젓으로 간하여 죽을 완성한다.

TIP   청양고추를 넣으면 참치 캔의 느끼한 맛을 깔끔하게 잡을 수 있다.

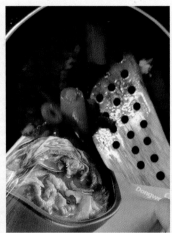

▲ 육개장죽

▲ 부대찌개죽

🍲 **참치**는 DHA가 풍부하여 집중력과 뇌 기능 향상에 도움을 주고 치매 예방에 좋아요. 또한 오메가 3가 풍부해 각종 성인병 예방에 도움을 준답니다.

짜장덮죽

재료

시판용 3분짜장 1봉, 오곡 햇반 1개,
물 2컵, 달걀 1개,
식용유 조금

만드는 법

1. 냄비에 밥, 물을 넣어 7분간 끓이다가 짜장 소스를 넣고 2분간 더 끓인다.
2. 팬에 기름을 두르고 달걀프라이를 한다.
3. 그릇에 1의 짜장죽을 담고, 그 위에 달걀프라이를 올려 죽을 완성한다.

TIP 청양고추나 고춧가루를 첨가하면 매콤한 맛을 즐길 수 있다.

🍲 **짜장**에 들어가는 춘장은 밀가루와 소금으로 발효시켜 만든 중국의 된장으로, 식물
성 단백질이 많아 콜레스테롤을 낮추고 성인병 예방에 좋아요.

사골곰탕죽

재료

시판용 사골곰탕 1봉, 햇반 1개,
물 3컵, 달걀 1개, 대파 조금,
볶은 소금·후춧가루 조금씩

TIP 기호에 따라 대파와 청양고추를 첨가하면 훨씬 더 깔끔한 맛을 느낄 수 있다.

만드는 법

1. 시판용 사골곰탕 육수에 밥, 물을 넣고 10~12분 정도 끓인다.
2. 대파는 어슷썬다.
3. 밥이 충분히 퍼지면 달걀을 깨서 올리고 어슷썬 대파를 올린다.
4. 볶은 소금, 후춧가루로 간하여 죽을 완성한다.

🍲 **사골곰탕**은 단백질, 칼슘, 콜라겐, 지방산, 섬유소 등 영양소가 풍부하여 성장기의 어린이부터 어르신 뼈 건강까지 모두 챙길 수 있는 우리의 건강 보양식이에요.

기본 재료 손질법 3

어패류-1

1. **낙지** : 낙지 머리를 뒤집어 내장과 눈을 떼고 굵은 소금으로 바락바락 주물러 깨끗이 씻는다.
2. **오징어** : 몸통과 다리가 붙어 있는 부분에 손을 집어넣어 내장이 터지지 않도록 잡아당겨 꺼낸 후 눈 바로 윗부분을 잘라 내장은 버린다.
3. **조개** : 소금물에 담가 해감을 토하게 한 후 손으로 껍질을 바락바락 비벼가며 씻는다.
4. **굴 · 조갯살** : 소금물에 살짝 담가 살살 흔들어가며 씻고 체에 밭쳐 물기를 뺀다.

한끼식사죽

새우감바스덮죽

재료

시판용 새우감바스 1팩,
햇반 1개, 물 1컵, 새우젓 · 후춧가루 조금씩

만드는 법

1. 건더기와 육수를 분리한 후 육수에서 나온 기름으로 팬에 밥을 볶는디.
2. 밥이 적당히 볶아지면 물을 넣고 물이 거의 없어질 때까지 볶는다.
3. 2에 감바스의 건더기를 넣고 전체가 어우러지게 볶은 후 새우젓, 후춧가루로 간
   하여 죽을 완성한다.

TIP 감바스에 기름이 많이 있기 때문에 별도의 기름을 사용하지 않아도 된다. 밥 대신 불
린 쌀을 사용하면 좀 더 리조또 같은 느낌이 있다.

새우는 아스타크산틴이라는 붉은색 항산화물질이 함유되어 있어 항암, 면역력 강화에 효과가 있으며 혈당과 콜레스테롤 수치 조절, 피로 회복, 숙취 해소에 좋아요.

스팸달걀덮죽

재료

스팸 1캔, 햇반 1개, 달걀 1개, 물 3컵,
냉동믹스야채 1컵, 간장 1큰술,
볶은 소금 · 후춧가루 · 새우젓 조금씩

만드는 법

1. 햄은 적당한 크기로 자르고 달걀은 풀어둔다.
2. 냄비에 밥과 물을 넣고 흰죽을 끓인 후 풀어둔 달걀을 넣고 새우젓으로 가볍게 간
   하여 그릇에 담는다.
3. 팬에 햄을 구워내고 냉동믹스야채를 볶다가 간장, 볶은 소금, 후춧가루로 간한다.
4. 2의 죽에 3의 야채와 햄을 보기 좋게 담아 죽을 완성한다.

소시지야채덮죽

재료

비엔나소시지 10개, 햇반 1개, 물 3컵,
냉동믹스야채 1컵, 식용유 1큰술, 간장 1큰술,
볶은 소금 · 후춧가루 · 새우젓 조금씩

만드는 법

1. 비엔나소시지는 끓는 물에 데쳐 적당한 크기로 자른다.
2. 냄비에 밥과 물을 넣어 흰죽을 끓인 후 새우젓으로 가볍게 간하여 그릇에 담는다.
3. 팬에 기름을 두르고 냉동믹스야채와 잘라둔 소시지를 넣어 볶다가 간장, 볶은 소
   금, 후춧가루로 간한다.
4. 2의 죽에 3의 야채와 소시지를 보기 좋게 담아 죽을 완성한다.

TIP 식은 밥을 죽으로 끓이면 시간을 절약할 수 있다.

▲ 스팸달걀덮죽

▲ 소시지야채덮죽

TIP 야채를 다양하게 구입하여 사용하기 번거롭다면 냉동믹스야채를 구입하여 한 번 사용할 분량만큼 구분
해 보관하면 사용하기 편리하다. 냉동믹스야채가 없으면 집에 있는 야채를 활용한다.

닭다리야채덮죽

재료

시판용 훈제 닭다리 2개, 햇반 1개, 물 3컵, 냉동믹스야채 1컵,
식용유 · 간장 1큰술씩, 볶은 소금 · 후춧가루 · 새우젓 조금씩

TIP 이 제품은 매운맛이 나는 제품이므로 닭가슴살을 사용해도 좋다.

만드는 법

1. 시판용 훈제 닭다리는 전자레인지에 데운다.
2. 냄비에 밥과 물을 넣어 흰죽을 끓인 후 새우젓으로 가볍게 간하여 그릇에 담는다.
3. 팬에 기름을 두르고 냉동믹스야채를 볶다가 간장, 볶은 소금, 후춧가루로 간한다.
4. 2의 죽에 데워둔 닭다리를 보기 좋게 올려 죽을 완성한다.

🍲 **닭다리살**은 필수아미노산이 풍부하며 성장기 어린이에게 좋은 여러 가지 영양소가
함유되어 있어요.

수육김치덮죽

재료

보쌈용 수육 500g, 햇반 1개, 물 3컵, 김치 1/4포기, 대파 1/4대, 식용유 1큰술,
참기름 1큰술, 설탕 1큰술, 후춧가루 조금

만드는 법

1. 밥과 물을 냄비에 넣고 흰죽을 끓여 그릇에 담는다.
2. 김치는 양념이 너무 많으면 털어내고 송송 썰어 기름 두른 팬에 볶다가 송송 썬 대파와 설탕을 넣고 볶은 다음 마지막에 후춧가루를 뿌리고 참기름을 두른다.
3. 수육은 먹기 좋은 크기로 잘라 1의 죽 위에 올리고 2의 볶음김치도 보기 좋게 담아 죽을 완성한다.

수육 삶는 법

1. 끓는 물에 된장, 커피, 소금, 통후추, 소주, 월계수 잎, 생강을 넣고 40분 이상 푹 삶는다.
2. 알맞은 크기로 자른다.

TIP 전기압력밥솥을 사용하면 시간이 절약된다.

TIP 시판용 수육이나 편육을 활용해도 좋다. 볶음김치를 만들 때는 신김치가 더 맛있다.

참치된장죽

재료

참치 1캔, 햇반 1개,
된장 1큰술,
물 3컵,
맛술 1큰술,
볶은 소금 · 후춧가루 조금씩

만드는 법

1. 참치 캔을 따서 기름을 체에 거르고 된장은 물에 풀어둔다.
2. 두꺼운 냄비에 1에서 걸러둔 기름을 두르고 밥을 넣어 볶다가 투명해지면 된장
   푼 물을 붓고 끓인다.
3. 밥이 충분히 퍼지면 1의 참치와 맛술을 넣고 끓인다.
4. 볶은 소금, 후춧가루로 간하여 죽을 완성한다.

TIP 참치 캔에서 나온 기름을 사용하여 밥을 볶아도 좋다.

훈제오리고추장덮죽

재료

훈제오리 200g, 불린 쌀 1컵, 물 7컵,
양파 1/4개, 당근 10g, 대파 1/4대, 고추 1개,
고추장 1큰술, 올리고당 1큰술, 다진 마늘 1/2큰술,
참기름 2큰술, 소주 1큰술, 볶은 소금 · 후춧가루 조금씩

만드는 법

1. 당근은 나박썰기하고 양파는 굵게 채 썰고 대파와 고추는 어슷썬다.
2. 두꺼운 냄비에 참기름 1큰술, 불린 쌀, 소주를 넣고 볶다가 물을 부어 흰죽을 끓인다.
3. 넓은 팬에 훈제오리를 넣고 볶는다. 썰어둔 야채를 넣고 볶다가 야채가 투명해지면 고추장, 다진 마늘을 넣고 볶은 후 올리고당, 볶은 소금, 후춧가루로 간한다. 마지막에 참기름 1큰술을 두른다.
4. 그릇에 2의 흰죽을 담고 3의 볶은 훈제오리를 올려 죽을 완성한다.

TIP 훈제오리 대신 스팸이나 소시지를 활용해도 좋다.

지리멸치야채덮죽

재료

지리멸치 1컵, 햇반 1개, 물 3컵,
냉동믹스야채 1/2컵, 설탕 1큰술,
통깨 1큰술, 식용유 적당량, 볶은 소금 조금

만드는 법

1. 지리멸치는 기름에 튀겨 설탕과 통깨를 뿌리고, 냉동믹스야채는 다진다.
2. 냄비에 밥과 물을 넣고 10~12분 정도 끓인다.
3. 다져둔 야채를 넣고 끓인 후 볶은 소금으로 간한다.
4. 1의 지리멸치를 죽 위에 고명으로 올려 죽을 완성한다.

TIP 지리멸치 대신 밥새우를 활용해도 좋다.

차돌박이야채죽

재료

차돌박이 100g, 양파 50g, 당근 30g, 표고버섯 20g, 브로콜리 30g,
불린 쌀 1컵, 물 7컵, 참기름 1큰술, 소주 1큰술, 볶은 소금 · 후춧가루 조금씩

만드는 법

1. 양파, 당근, 표고, 브로콜리는 굵게 다진다.
2. 두꺼운 냄비에 참기름, 불린 쌀, 소주를 넣고 볶다가 쌀이 투명해지면 물을 붓고
   끓인다.
3. 쌀이 충분히 퍼지면 야채와 볶은 소금을 조금 넣고 끓인 후 차돌박이를 넣어 한소
   끔 끓인다. 볶은 소금, 후춧가루로 간하여 죽을 완성한다.

TIP 식은 밥이나 햇반을 사용할 경우 밥 퍼지는 시간이 10~12분 정도 소요된다.

▲ 지리멸치야채덮죽

▲ 차돌박이야채죽

🍲 **차돌박이**는 필수아미노산이 풍부하여 성장기 어린이에게 매우 좋고, 다른 부위보다 연골지방을 많이 함
유하고 있어 콜레스테롤 양이 적어요.

베이컨된장덮죽

재료

베이컨 4줄, 불린 쌀 1컵, 물 7컵,
당근 30g, 대파 1/4대, 고추 1개, 된장 1큰술, 올리고당 1큰술,
다진 마늘 1/2큰술, 참기름 2큰술, 소주 1큰술, 새송이버섯 1개,
검은깨 · 볶은 소금 · 후춧가루 조금씩

TIP 베이컨이 들어가는 요리는 그 자체에서 기름이 나오기 때문에 기름 양을 줄여도 된다.

만드는 법

1. 베이컨은 1cm 폭으로 자르고 당근은 채 썰고 대파와 고추, 새송이버섯은 어슷
   썬다.
2. 두꺼운 냄비에 참기름 1큰술, 불린 쌀, 소주를 넣고 볶다가 물을 붓고 흰죽을 끓
   인다.
3. 팬에 베이컨과 당근, 새송이버섯을 볶다가 대파, 고추, 된장, 다진 마늘을 넣고 볶
   는다. 마지막에 올리고당, 참기름 1큰술, 볶은 소금, 후춧가루로 간한다.
4. 그릇에 2의 죽을 담고 3을 올린다. 검은깨를 뿌려 죽을 완성한다.

🍲 **베이컨**은 단백질과 탄수화물, 지방을 에너지로 바꿔주는 비타민 B가 풍부하며, 콜
라겐을 생성하는 비타민 C를 함유하여 피로회복, 피부트러블 개선효과, 여름 더위
방지 등 많은 효능이 있어요.

참나물쇠고기죽

재료

참나물 30g, 불린 찹쌀현미 1컵, 쇠고기 100g,
당근 20g, 물 8컵, 참기름 1큰술, 소주 1큰술, 볶은 소금 조금

쇠고기 양념

간장 1큰술, 설탕 1/2큰술, 다진 마늘 1/4큰술, 참기름 · 후춧가루 조금씩

만드는 법

1. 참나물은 손질한 후 깨끗이 씻어 2~3cm 길이로 자른다. 당근은 다지고 쇠고기도
   다져 쇠고기 양념에 버무린다.
2. 두꺼운 냄비에 참기름을 두르고 달군 후 양념해둔 쇠고기를 볶다가 불린 찹쌀 현
   미, 소주를 넣고 볶은 다음 물을 붓고 푹 끓인다.
3. 쌀이 푹 퍼지면 당근, 참나물을 넣고 한소끔 끓인 후 볶은 소금으로 간하여 죽을
   완성한다.

TIP 참나물은 쌈이나 겉절이, 샐러드로도 좋고, 데쳐서 시금치처럼 무쳐도 향긋하고 부드
러운 식감이 좋다. 시간이 촉박하다면 불린 찹쌀현미와 물을 1:1.5 비율로 하고 전기
압력밥솥에 찜 기능 20분으로 죽을 만들어 사용하면 편리하다.

🍲 **참나물**은 안구건조증과 빈혈에 좋아요. 또한 섬유질이 많아 변비와 장 운동에 좋고 치매를 예방하는 물질이 들어 있어 치매 예방에도 좋아요.

기본 재료 손질법 4

어패류-2

1. **게** : 껍질째 조리하므로 솔로 깨끗이 씻은 후 발끝을 자른다. 등껍질과 내장은 떼고 몸통은 먹기 좋은 크기로 등분하거나 통째로 사용한다.
2. **새우** : 등 쪽에 꼬챙이를 찔러 내장을 꺼낸 후 머리와 껍질을 벗겨 사용하거나 꼬리 바로 위에 있는 삼각형 모양의 뾰족한 부분만 떼고 사용한다.
3. **조기** : 꼬리에서 머리 쪽으로 비늘을 긁어낸 후 지느러미는 자르고 내장을 빼낸 다음 깨끗이 씻는다.

회복죽

마매생이표고죽

재료

마 100g, 매생이 한줌, 표고버섯 2장,
불린 쌀 1컵, 물 7컵, 참기름 1큰술,
소주 1큰술, 볶은 소금 조금

만드는 법

1. 매생이는 깨끗이 씻은 후 물기를 꼭 짜서 송송 썰고, 마는 껍질을 벗겨 강판이나 믹서에 갈아둔다.
2. 두꺼운 냄비에 참기름, 불린 쌀, 소주를 넣고 볶다가 물을 붓고 끓인다.
3. 쌀이 퍼지기 시작하면 매생이를 넣고 한소끔 끓인 후 마를 넣어 살짝 끓이고, 볶은 소금으로 간하여 죽을 완성한다.

TIP   마는 오래 끓이면 영양소가 파괴되므로 마지막에 넣어 살짝만 끓인다.

표고버섯은 변비와 면역력 향상에 좋아요. 특히 비타민 D 성분이 들어 있어 뼈에 칼슘을 공급하는 기능을 하기 때문에 아이들의 성장에 도움이 된답니다.

닭가슴살야채죽

재료

불린 쌀 1컵, 닭가슴살 150g, 표고버섯 20g, 당근 20g, 브로콜리 10g,
참기름 1큰술, 소주 2큰술, 물 8컵, 우유 1컵, 통후추 5알, 볶은 소금 조금

만드는 법

1. 닭가슴실은 우유에 30분 징도 담가 닭 비린맛을 제기한 후 씻는다. 표고, 당근, 브로콜리는 잘게 다진다.
2. 냄비에 물을 붓고 통후추와 소주 1큰술을 넣어 1의 닭을 삶는다. 익으면 닭고기는 따로 잘게 썰고 육수는 고운 천에 거른다.
3. 두꺼운 솥에 참기름, 불린 쌀, 소주 1큰술을 넣고 볶다가 쌀이 투명해지면 닭 육수를 붓고 끓인다.
4. 불을 줄이고 저어가면서 끓이다가 밥이 충분히 퍼지면 1의 야채를 넣고 끓인 후 볶은 소금으로 간하여 죽을 완성한다.

감자고구마죽

재료

불린 쌀 1/2컵, 감자 70g, 고구마 100g, 당근 50g, 표고버섯 30g,
참기름 1큰술, 소주 1큰술, 물 7컵, 볶은 소금 조금

만드는법

1. 감자, 고구마, 당근은 작은 깍둑썰기를 하고, 표고는 밑동을 제거한 후 같은 크기로 썬다.
2. 두꺼운 솥에 참기름, 불린 쌀, 소주를 넣고 볶다가 물을 붓고 끓인다.
3. 불을 줄이고 저어가면서 30분 정도 끓인 후 쌀이 퍼지면 1의 재료를 모두 넣고, 재료가 익으면 볶은 소금으로 간하여 죽을 완성한다.

▲ 닭가슴살야채죽

▲ 감자고구마죽

🍲 **감자**는 면역력 향상, 피로 회복, 고혈압 예방, 노폐물 배출, 다이어트, 변비 예방에 효과가 좋아요.

명란마죽

재료

마 100g, 명란 50g, 불린 쌀 1컵, 물 7컵,
참기름 1큰술, 소주 1큰술, 볶은 소금 조금

TIP 볶은 소금 대신 명란으로 간을 해도 좋다.

만드는 법

1. 마는 껍질을 벗겨 강판에 갈고 명란은 작게 자른다.
2. 두꺼운 냄비에 참기름, 불린 쌀, 소주를 넣고 볶다가 물을 붓고 끓인다.
3. 쌀이 푹 퍼지면 명란을 넣고 한소끔 끓인 후 갈아둔 마를 넣고 볶은 소금으로 간
   하여 죽을 완성한다.

🥄 **명란**은 불포화지방산과 비타민이 들어 있어 혈중 콜레스테롤 생성을 억제할 뿐만 아니라 피로 해소와 위장질환 예방에도 도움을 줘요.

도다리톳야채죽

재료

도다리 1마리, 톳 한줌,
불린 쌀 1컵, 물 7컵, 무 20g, 당근 30g, 브로콜리 30g,
참기름 1큰술, 소주 1큰술, 식용유 1큰술,
볶은 소금 조금

만드는 법

1. 도다리는 손질한 후 팬에 기름을 두르고 앞뒤로 노릇하게 구워 살만 발라낸다.
2. 톳은 깨끗이 씻어 송송 썰고 무, 당근, 브로콜리는 다진다.
3. 두꺼운 냄비에 참기름, 불린 쌀, 소주를 넣고 볶다가 물을 붓고 푹 끓인다.
4. 쌀이 퍼지기 시작하면 2를 넣고 끓이다가 1을 넣고 끓인 후 볶은 소금으로 간하
   여 죽을 완성한다.

TIP 도다리 대신 가자미 등 흰살생선을 이용해도 좋다. 기호에 따라 청양고추를 첨가
한다.

아스파라거스게살죽

재료

아스파라거스 4대, 게살 50g, 물 7컵,
불린 쌀 1컵, 참기름 2큰술, 소주 1큰술, 볶은 소금 조금

만드는 법

1. 아스파라거스는 밑동대의 껍질을 필러로 깎아 끓는 물에 데친 후 송송 썰고, 게살은 결대로 찢는다.
2. 두꺼운 냄비에 참기름 1큰술, 불린 쌀, 소주를 넣고 볶다가 물을 붓고 끓인다.
3. 쌀이 푹 퍼지면 1을 넣고 끓인 후 볶은 소금으로 간하여 참기름을 두르고 죽을 완성한다.

TIP 1. 아스파라거스를 고를 때는 줄기가 연하고 굵은 것, 잎의 녹색이 진한 것, 줄기에 수염뿌리가 나와 있지 않는 것이 좋다.
2. 구입 후 냉장보관하는 것이 좋으며 2~3일 이내에 사용하는 것이 좋다. 냉동 보관을 할 경우 1년까지 가능하다.

🍲 **아스파라거스**는 혈관질환 개선, 숙취 해소, 골다공증 예방, 눈 건강, 다이어트, 당뇨 개선, 부종 예방에 좋아요.

쌍화탕야채죽

재료

쌍화탕 1병, 불린 쌀 1컵,
당근 30g, 호박 50g, 물 6.5컵,
참기름 1큰술, 소주 1큰술,
볶은 소금 조금

TIP 쌍화탕야채죽은 감기나 몸살기가 있을 때 끓여 먹으면 좋다.

만드는 법

1. 당근과 호박은 다진다.
2. 두꺼운 냄비에 참기름, 불린 쌀, 소주를 넣고 볶다가 물을 붓고 푹 끓인다.
3. 쌀이 퍼지기 시작하면 1과 쌍화탕을 넣고 끓인 후 볶은 소금으로 간하여 죽을 완성한다.

🍲 쌍화탕은 피로 회복, 염증 완화, 혈액 순환 및 혈관과 관련된 질환을 예방하고, 손발톱을 튼튼하게 하는 데 효과적이에요.

굴두부죽

재료

굴 1봉지, 불린 쌀 1컵, 물 7컵,
두부 1/4모, 청고추 1개,
참기름 1큰술, 소주 1큰술,
새우젓 · 볶은 소금 조금씩, 소금물

만드는 법

1. 굴은 연한 소금물에 깨끗이 씻고, 두부는 사방 0.5cm 크기로 자른다.
2. 두꺼운 냄비에 참기름을 두르고 불린 쌀과 소주 1큰술을 넣어 볶다가 물을 붓고
   끓인다.
3. 밥이 충분히 퍼지면 두부와 굴을 넣고 새우젓과 볶은 소금으로 간한다. 청고추를
   넣어 죽을 완성한다.

TIP 미역이 있으면 잘게 잘라 활용하고 매콤하게 만들고 싶을 때는 청양고추를 다져 넣어도 별미이다.

치즈두유죽

재료

햇반 1개, 물 1컵, 슬라이스치즈 2장, 두유 2팩,
검은깨 · 볶은 소금 · 흰 후춧가루 조금씩

만드는 법

1. 냄비에 밥, 물, 두유를 넣고 끓이나가 밥이 푹 퍼질 때까시 서어가며 10~12분 정도 끓인다.
2. 1에 슬라이스치즈를 넣고 끓인 후 볶은 소금 · 흰 후춧가루로 간하여 죽을 완성한다.

카레야채죽

재료

불린 쌀 1컵, 당근 30g, 브로콜리 30g, 감자 70g, 표고버섯 2장,
물 7.5컵, 카레가루 2큰술, 참기름 1큰술, 소주 1큰술,
식용유 · 볶은 소금 · 후춧가루 조금씩

만드는 법

1. 야채는 다듬어서 작은 깍둑썰기를 한다.
2. 두꺼운 냄비에 참기름, 불린 쌀, 소주를 넣고 볶다가 물을 붓고 끓인다.
3. 프라이팬에 기름을 두르고 1의 야채를 볶는다.
4. 2의 쌀이 푹 퍼지면 3의 야채를 넣는다. 끓으면 카레가루를 넣고 저어가며 농도를 맞춘다.
5. 볶은 소금, 후춧가루로 간하여 죽을 완성한다.

TIP 카레에 들어가는 야채에 버터나 식용유를 넣고 볶다가 물을 붓고 끓이면 구수하고 더 맛있다.

▲ 치즈두유죽

▲ 카레야채죽

🍲 카레에 들어 있는 노란 색소 성분 커큐민은 항산화 물질세포의 산화를 방지하고 염증 감소, 치매 예방, 혈당 조절에 효과 있어요.

죽과 어울리는 김치

상추김치

홍합부추김치

죽과 어울리는 김치

비트물김치

오이소박이김치

죽과 어울리는 김치

열무김치

돈나물물김치

자연을 먹다

맛있는 죽 레시피

2021년 4월 10일 인쇄
2021년 4월 15일 발행

저   자 : 이영순
펴낸이 : 남상호

펴낸곳 : 도서출판 예신
www.yesin.co.kr

04317 서울시 용산구 효창원로 64길 6
대표전화 : 704-4233, 팩스 : 335-1986
등록번호 : 제3-01365호(2002.4.18)

값 18,000원

ISBN : 978-89-5649-175-2